普通高等职业教育计算机系列规划教材

响应式动态网站项目开发

（jQuery+PHP+MySQL+Apache）

高和蓓　田启明　主　编

刘丽珍　徐　婧　副主编

U0338611

电子工业出版社·

Publishing House of Electronics Industry

北京·BEIJING

内 容 简 介

本书针对 PHP、MySQL 和 Apache 以及 jQuery 这几种主流工具的最新版本，逐步介绍了如何安装、配置和使用这些工具组合，并且采用经典的项目案例，帮助读者开发功能强大的 Web 站点。全书分 8 章。第 1 章节介绍了 Wamp 的安装和配置，第 2～4 章引领读者熟悉 HTML5、CSS3、jQuery 和 PHP 等语言基础，并且介绍了 DreamWeave 软件和 Bootstrap 组件。第 5 和第 6 章整合前面介绍的内容，完成一个以微课堂网站为基础的项目，向读者介绍了主页、登录页面、列表页面的制作方法。第 7 和第 8 章，通过凤凰电商网站项目的开发，向读者介绍购物车、商品列表等电商基本功能的完成方法。附录中介绍了 Bootstrap 的应用，另外，本书提供了丰富的素材，详见前言。

本书内容全面、讲解详细、实例丰富。每一个实例都是从网站项目分析开始，经过网站视觉设计、数据库设计、静态页面开发、动态页面开发等过程，深入浅出地介绍了其使用方式。本书可以作为初学者的指南书，可以作为开发人员的参考书。

图书在版编目（CIP）数据

响应式动态网站项目开发：jQuery+PHP+MySQL+Apache/高和蓓，田启明主编.. —北京：电子工业出版社，2016.4

普通高等职业教育计算机系列规划教材

ISBN 978-7-121-28373-4

Ⅰ. ①响… Ⅱ. ①高… ②田… Ⅲ. ①网页制作工具－程序设计－高等职业教育－教材 ②JAVA 语言－程序设计－高等职业教育－教材 ③PHP 语言－程序设计－高等职业教育－教材 ④关系数据库系统－高等职业教育－教材 Ⅳ. ①TP393.092 ②TP312

中国版本图书馆 CIP 数据核字（2016）第 055125 号

策划编辑：徐建军（xujj@phei.com.cn）

责任编辑：郝黎明

印　　刷：涿州市京南印刷厂

装　　订：涿州市京南印刷厂

出版发行：电子工业出版社

　　　　　北京市海淀区万寿路 173 信箱　邮编　100036

开　　本：787×1 092　1/16　印张：13　字数：332.8 千字

版　　次：2016 年 4 月第 1 版

印　　次：2016 年 4 月第 1 次印刷

印　　数：3 000 册　　定价：32.00 元

前　言

本书是一本项目流程化的网站开发入门教程。所以即使你不是网站开发的高手，计算机的高手，也可以由此很快地进行网站开发。

既然你会翻开这本书，那么你肯定想要学习如何创建 HTML 页面和 Web 站点。而且也希望更进一步学习 jQuery。如果对 HTML 本身很了解，对 CSS 也有涉猎，甚至对 jQuery 也非常了解的话，本书也会对你有帮助，因为书里面介绍了一套 jQuery 应用 UI，Bootstrap，它能让你方便地创建响应式网页。而且也介绍了风靡全球的 Wamp，使有志于前端工程师的读者们可以了解一些后台的知识。

本书的实例是来源于与公司合作的项目和参加比赛的项目。作者在此基础上做了相应修改，使其容易实现和简单易懂。

本书的大部分内容由分步说明构成。我们会在程序清单前标注出来，并且尽可能地详细介绍每一行的含义。还有一些提示和注意的部分，也进行了标注，希望能引起读者的注意。本书中的代码都是小写的，所有代码都符合 HTML5 的标准，这个是最新的标准了。

由于 IE 浏览器对 HTML5 的支持没有想象的好，所以请读者使用谷歌或者火狐的最新版打开本书所附的资源网页。

本书由温州职业技术学院的高和蓓、田启明担任主编，刘丽珍、徐婧担任副主编，参加编写的还有潘依颖、潘超然和曹西约，为他们对这本书的付出给予的支持，表示衷心的感谢！

为了方便教师教学，本书配有电子教学课件及相关资源，请有此需要的教师登录华信教育资源网（www.hxedu.com.cn）注册后免费进行下载，如有问题可在网站留言板留言或与电子工业出版社联系（E-mail:hxedu@phei.com.cn），或与作者联系（E-mail:bogolyx@126.com）。

由于作者水平有限，教材中难免有不妥之处，恳请广大读者不吝赐教。

编　者

目 录
Contents

第一部分

网站开发基础知识

第1章

安装使用 WampServer 向导

Wamp 就是 Windows、Apache、MySQL、PHP 集成安装环境；它们本身都是各自独立的程序，因为常被放在一起使用，拥有了越来越高的兼容度，共同组成了一个强大的 Web 应用程序平台。为了帮助大家快速起步，第 1 章将详细地帮助读者熟悉安装软件包 WampServer 的安装过程。

第三方安装包是由创建者以外的公司或者组织所提供的程序包。在本章中我们将学习如何使用 Wamp 安装包来同时安装 PHP、MySQL 和 Apache。名称前面的 W 表示这是在 Windows 上安装 Apache、MySQL 和 PHP。当然，在 Mac 和 Linux 上安装 Apache、MySQL 和 PHP 分别有 Mamp 和 Lamp。

使用第三方安装程序包的优点是：

（1）可避免初学者由于缺乏 AMP 的知识，而无法正确设置环境；

（2）可快速安装并设置好 AMP 环境，让我们直接开始编写网站脚本；

（3）可方便地搭建测试环境，对于测试"是 AMP 环境问题，还是其他原因造成的问题"很有帮助，采用排除法即可。

接下来介绍 Wamp 的基本安装过程。只针对 Windows 操作系统，如果读者使用的是 Mac 操作系统，可以参见 http://www.mamp.info；如果使用的是 Linux 操作系统，可以参见 http://www.lampwhoto.com。

1.1 在 Windows 上安装 WampServer

运行下载好的"WampServer 2.0c.exe"，出现如图 1-1 所示界面。这是"WampServer2.0c.exe"的安装向导界面，单击"Next"按钮进行下一步操作。

同意软件安装使用许可条例，选中"I accept the agreement"单选按钮，单击"Next"按钮，如图 1-2 所示。

图 1-1　WampServer 2 安装界面

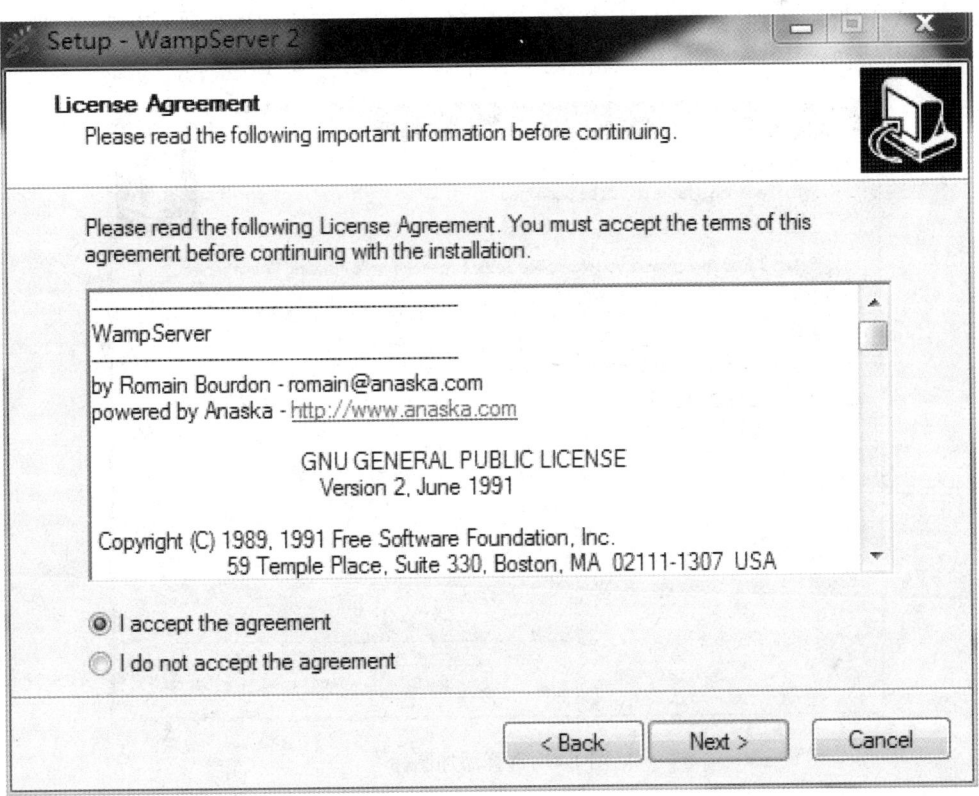

图 1-2　接受软件安装许可

选择安装路径，此处也可以不选，采用默认的程序安装路径，这里安装路径为"C:\wamp"。单击"Next"按钮进行下一步操作，如图 1-3 所示。

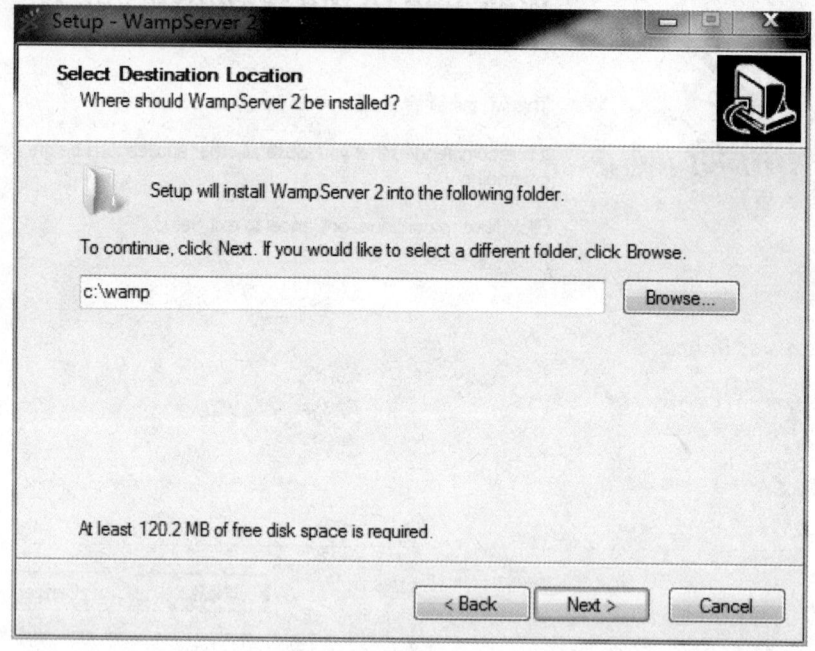

图 1-3　选择安装文件夹

有两个复选框，分别为"创建快速启动栏"和"创建桌面快捷键"，这里都不勾选，直接单击"Next"按钮进行下一步操作，如图 1-4 所示。

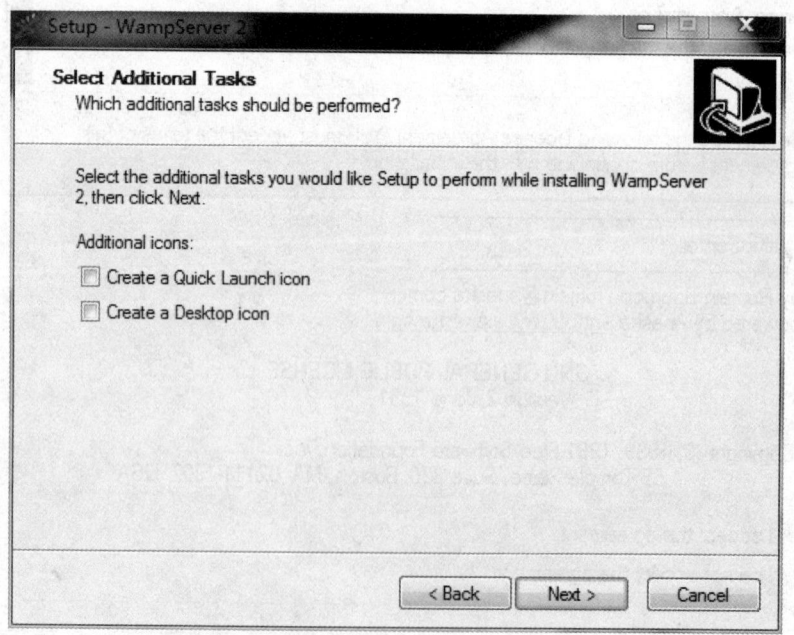

图 1-4　选择添加图标

单击"Install"按钮进行下一步操作。如图 1-5 所示。

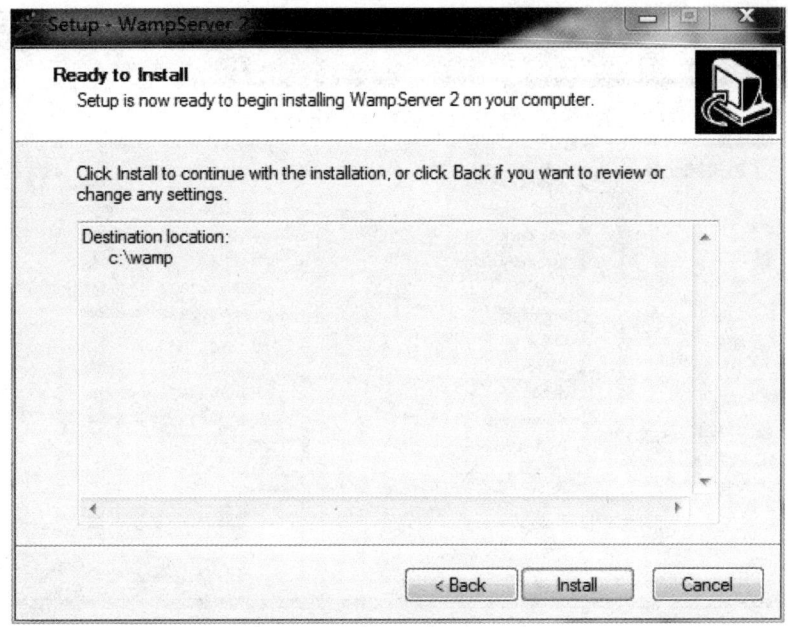

图 1-5　开始安装

进入安装过程界面，如图 1-6 所示。

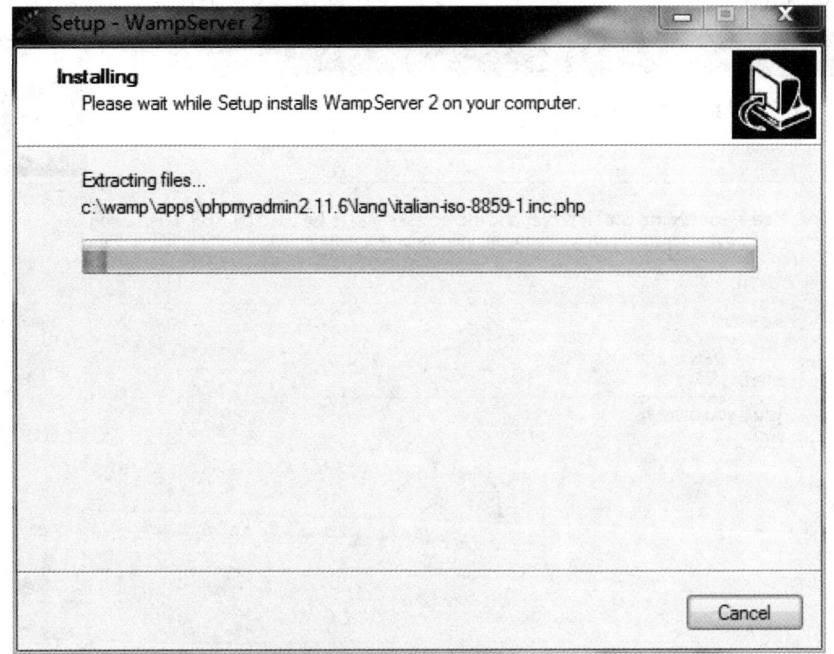

图 1-6　进入安装过程界面

打开选择默认浏览器对话框，单击"打开"按钮，如图 1-7 所示。

图 1-7　选择默认浏览器

在"SMTP："下的文本框中输入"localhost"，在"Email："下的文本框中输入"you@yourdomain"，单击"Next"进行下一步操作，如图 1-8 所示。

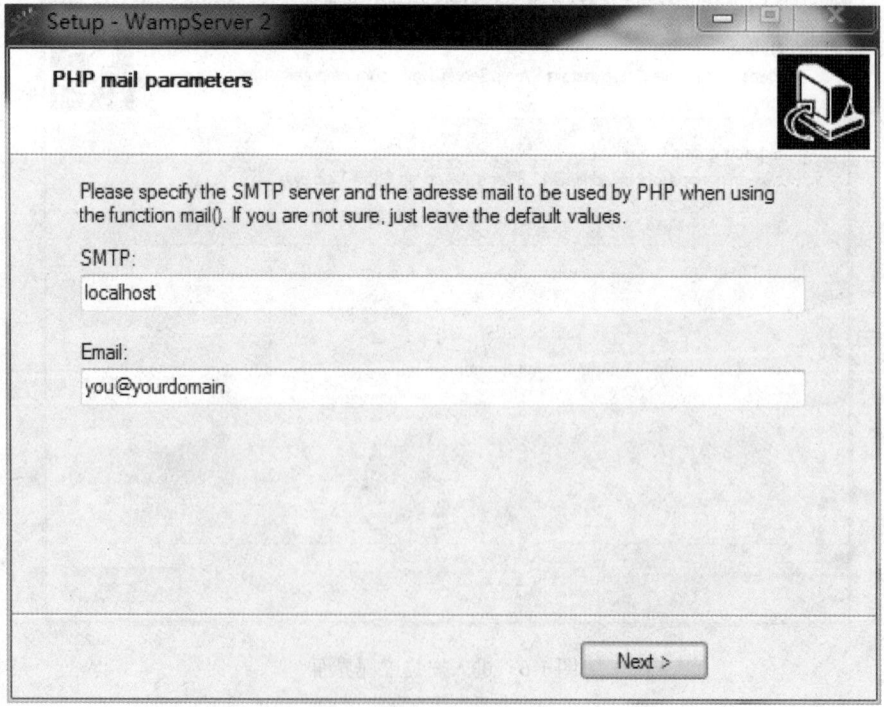

图 1-8　指定邮件服务器

安装完成后，提示"现在运行软件 WampServer"，单击"Finish"按钮，即可运行该软件，如图 1-9 所示。

图1-9 安装完成

要测试Wamp是否运行，可以在程序启动后，单击该程序，如图1-10所示，选择"Localhost"即可打开默认首页。

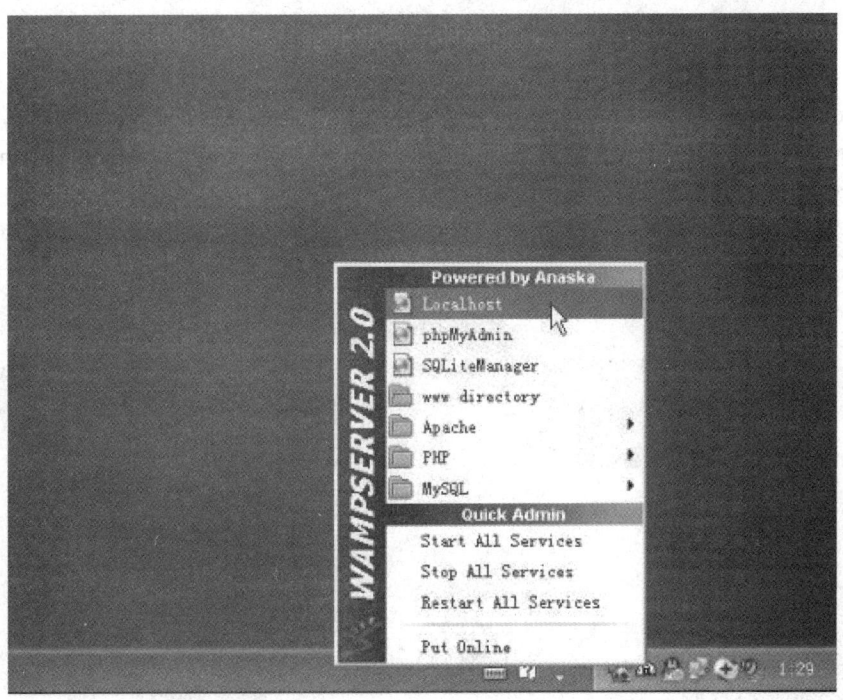

图1-10 测试Wamp是否运行

默认弹出首页，如图1-11所示。

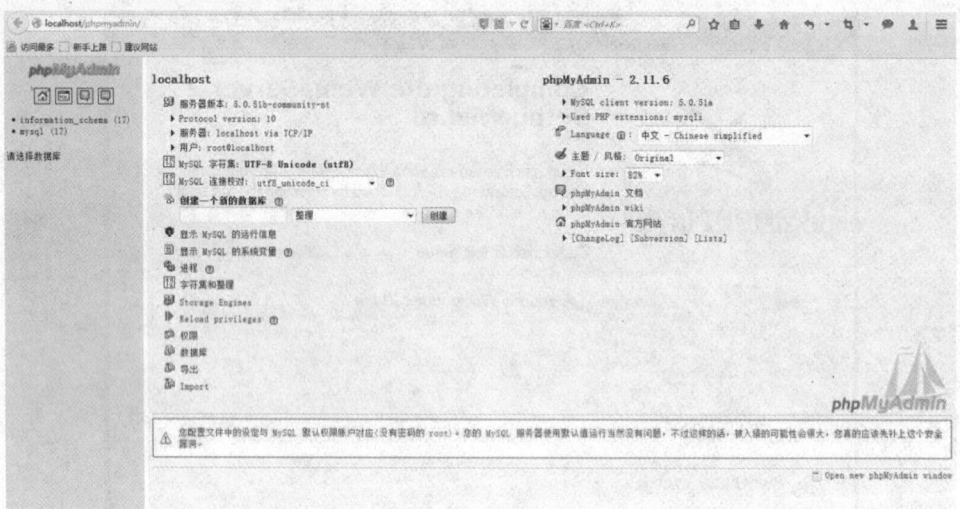

图 1-11　默认首页

1.2　为 Dreamweaver 设置 PHP 开发环境

　　Dreamweaver 是视觉设计人员、网页设计人员和网页开发人员的理想工具，它能有效地设计、开发和维护网站。美工人员和程序开发人员都可以在同一个平台中快速编辑或者设计网页。Dreamweaver 提供了所见即所得的视觉化界面或简化的编码环境，更拥有 Adobe 得天独厚的优势能够和 Adobe Photoshop、Illustrator、Fireworks 等软件整合，开发出完美的网站产品。下面的内容将介绍如何在 Windows 计算机上设置一个开发环境，使用 Adobe Dreamweaver 和 MySQL 数据库服务器构建 PHP Web 应用程序。

　　提示：PHP 可以与大多数数据库系统一起使用。但是，Dreamweaver 的 PHP 服务器行为只支持 MySQL。

　　打开"Dreamweaver"，单击"站点→新建站点"进行测试，如图 1-12 所示。

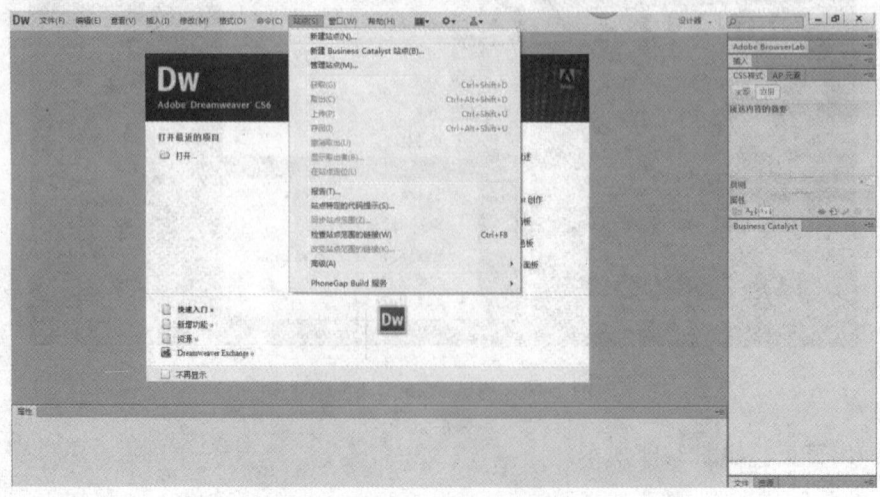

图 1-12　新建站点

设置站点名称为"ex"，本地站点文件夹为"C：\wamp\www\ex\"，如图 1-13 所示。

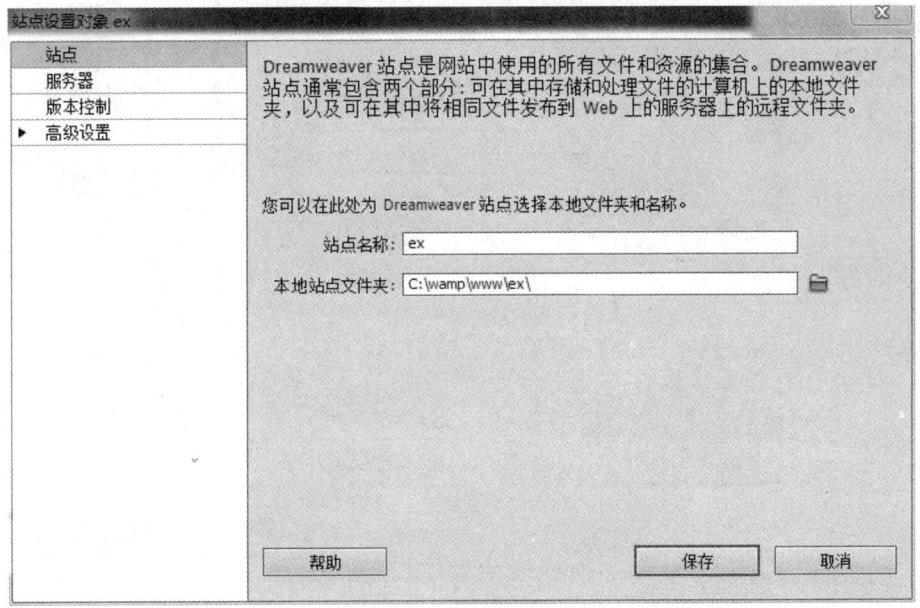

图 1-13 选择站点文件夹

单击"服务器"，再单击"＋"按钮以添加服务器，如图 1-14 所示。

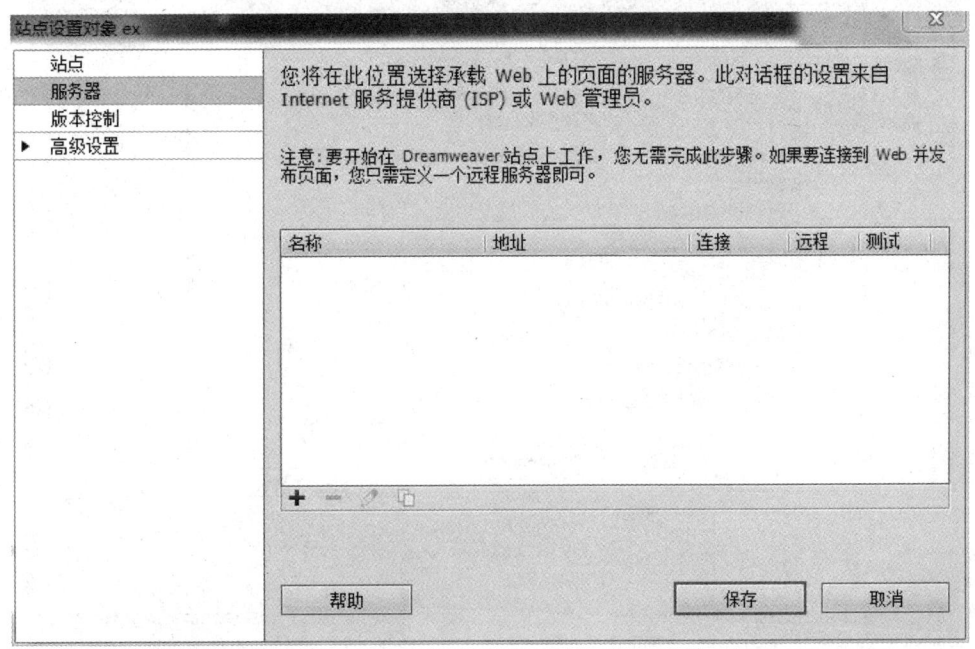

图 1-14 添加服务器

在弹出的对话框中设置服务器名称为"ex"，连接方法为"本地/网络"，服务器文件夹为
"C:\wamp\www\ex"，Web URL 为"http://localhost/ex/"，如图 1-15 所示。

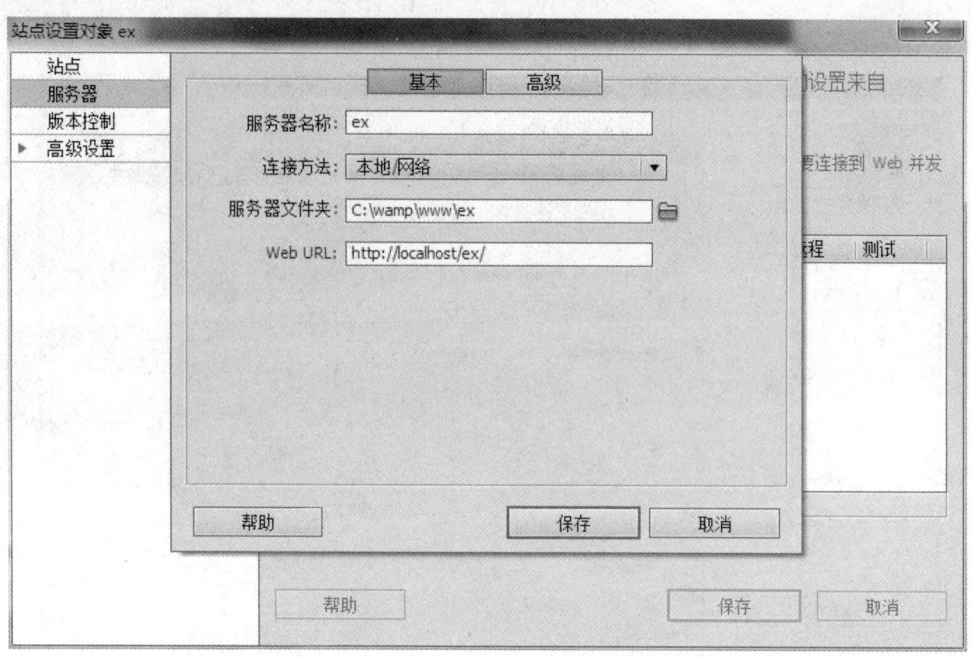

图 1-15　配置服务器基本功能

选择"高级设置"，设置服务器模型为"PHP MySQL"，如图 1-16 所示。

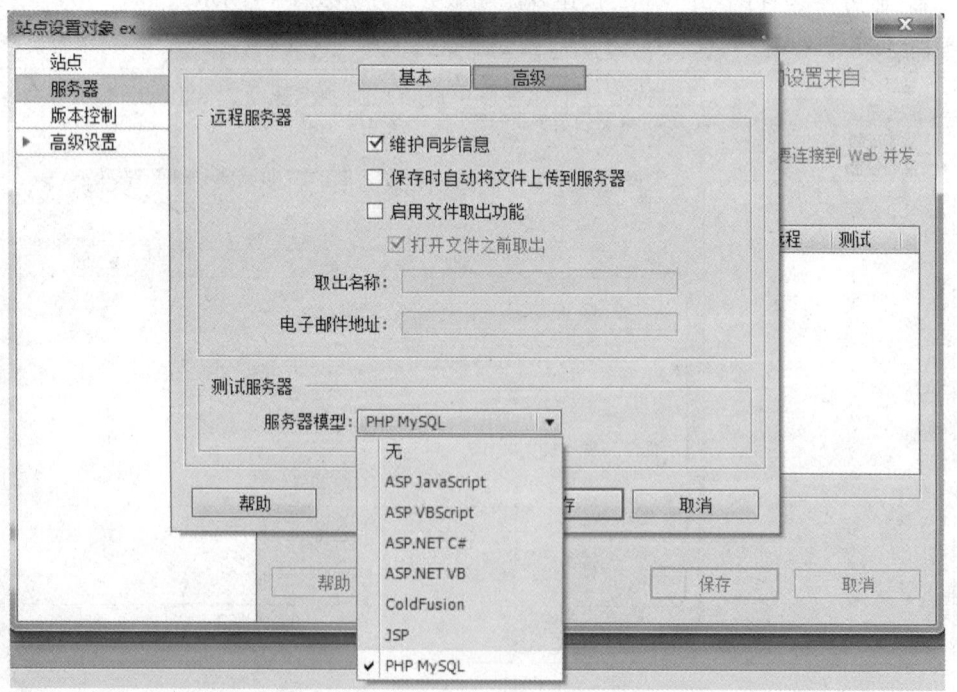

图 1-16　配置服务器模型

　　单击"保存"按钮，设置测试服务器这是一台测试服务器，所以务必选中"站点设置"对话框中的"测试"复选框。根据需要，取消选中"远程"复选框，如图 1-17 所示。

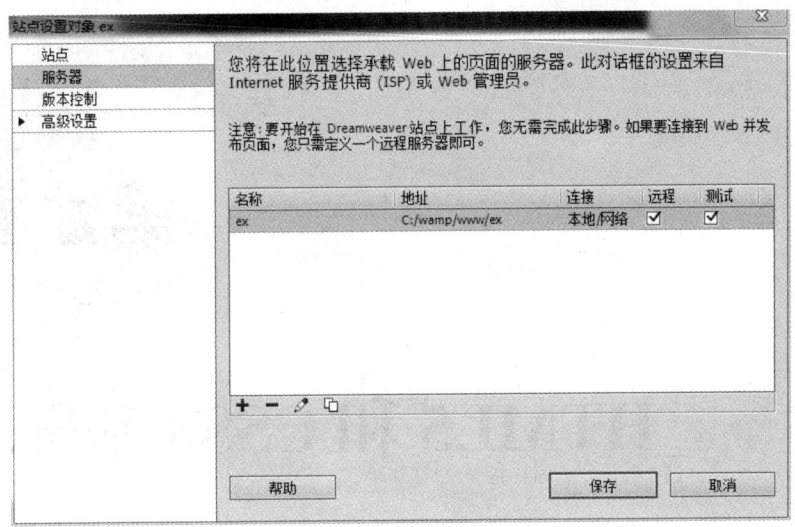

图 1-17　勾选测试服务器

新建一张"PHP"页面，如图 1-18 所示。

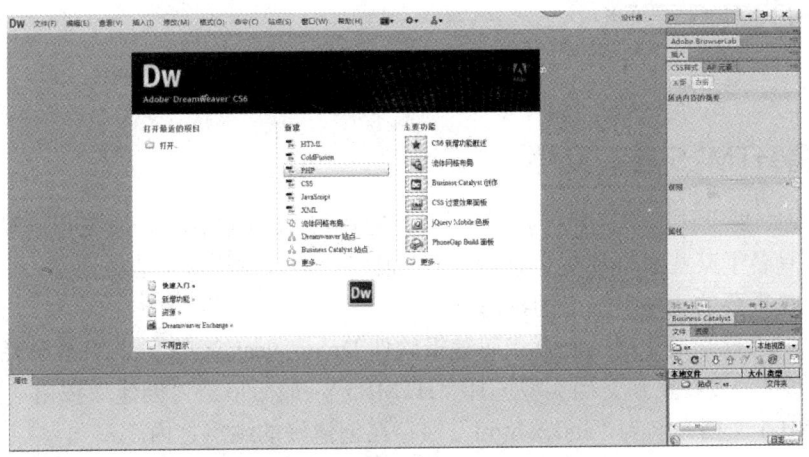

图 1-18　新建 PHP 页面

在界面右边"数据库"栏里显示如图 1-19 所示面板，说明安装成功，如图 1-19 所示。

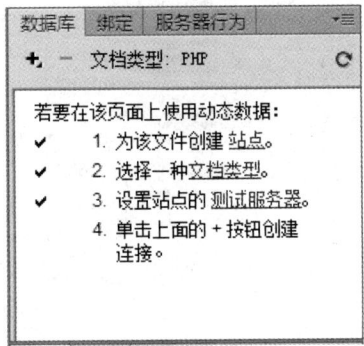

图 1-19　Dreamweaver 数据库控制面板

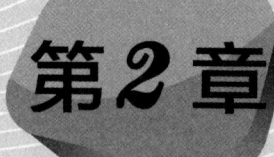

第*2*章

HTML5 和 CSS3 基础

2.1 HTML5 基础

2.1.1 创建 HTML5 基本文档

HTML5 是一种设计组织 Web 内容的语言，它使得 Web 设计和开发变得容易，现在大部分浏览器已经具备了某些 HTML5 支持。HTML 最好的学习方法就是边做边学，不仅是要通过眼睛来看书，最重要的还是手头上的熟悉。

现在，我们来打开最常用的网页代码编辑软件 Dreamweaver CC。打开软件后，在新建栏下面单击"更多"，接着找到文档类型选择"HTML5"，最后单击"创建"按钮（图 2-1）。将新建好的 HTML5 文档命名为"index.html"保存在创建好的站点之内。

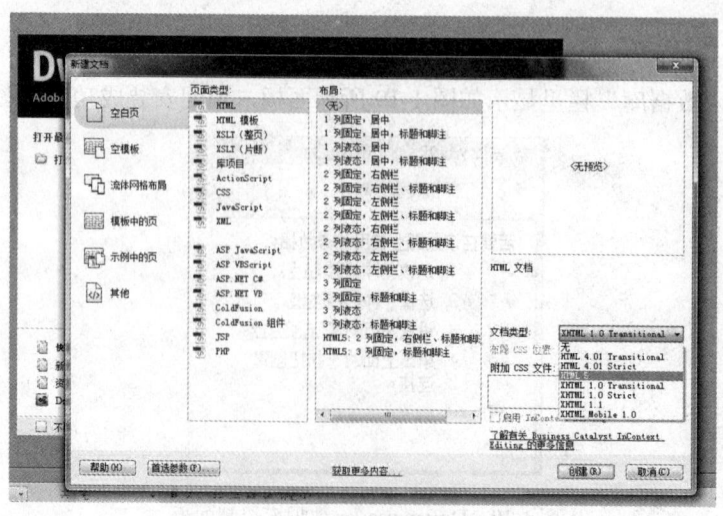

图 2-1　新建 HTML5 文档

HTML5 支持 IE9+、Chrome25+、Firefox19+浏览器。当使用浏览器打开 HTML5 文档时，浏览器会自动解析 HTML5 文档。浏览器通过 HTML 标签来识别文档结构，再以网页的形式显示它们。<html>、<head>和<body>3 个标签分别表示整个网页文档、文档头和文档主体。

通常 HTML5 的标签是成对出现的，标签中第一个标签为开始标签，也被称为开放标签，用尖括号<>表示；第二个标签是结束标签，也被称为闭合标签，用带斜杠的尖括号</>表示。在 HTML5 中不同的标签可以互相嵌套，比如在代码中，<head>和<body>2 个标签就是嵌套在<html>与</html>之间。

HTML5 文档是由一系列标签组成的，每个标签具有不同的含义。在新建的 HTML5 文档中能看到最基础、最常用的标签，如图 2-2 所示。

图 2-2　HTML5 标准空文档

它们的含义如下所示：

```
<!DOCTYPE html>
<html>                                      //开始 html 文档
  <head>                                    //文档头开始
    <title>HTML 基本文档</title>            //文档标题
  </head>                                   //文档头结束
  <body>                                    //文档主体开始，这部分包含用户看到的主要内容
  </body>                                   //文档主体结束
</html>                                     //html 文档结束
```

了解 HTML5 文档中每个标签的含义，仔细分析代码，可以更快地掌握网页代码的编写。接下来，我们为文档主体添加标题和段落编写代码。在编写文档主体标签和段落时，要注意将代码添加在<body>与</body>之间。文档主体的标题使用<h1>与</h1>标签进行标记，而主体段落则使用<p>与</p>标签进行标记。如下所示：

```
<!DOCTYPE html>
<html>
  <head>
    <title>HTML 基本文档</title>
  </head>
  <body>
<h1>body 区块（section）标签</h1>            //文档主体的标签
<p>HTML5 文档由不同区块</p>                  //文档主体的段落
```

```
    </body>
</html>
```

当我们在编辑器中编写好代码后，按下 Ctrl+S 组合键，保存 inde.html 文档。接着按 F12 键，便可启动默认浏览器查看代码在浏览器中实现的效果，如图 2-3 所示。

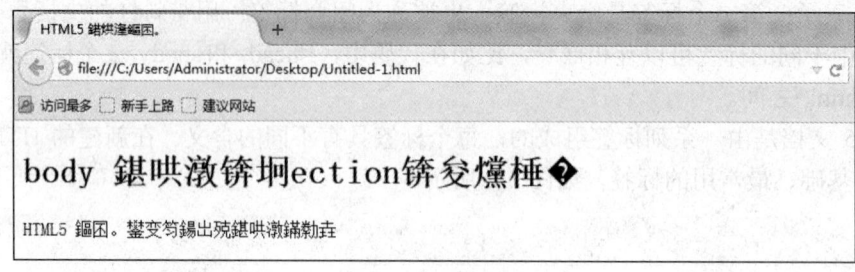

图 2-3　运行结果图

在这里我们出现一个问题，网页打开时出现乱码。在网页编写过程中时常会碰到网页乱码的情况，我们必须要解决这些问题，才能让访问的用户正常浏览我们的网站。那么，是什么引起这张网页的乱码呢？让我们仔细分析一下这些乱码，发现页面中英文能正常显示，而中文出现了乱码的现象。由此可以推断，可能是编码错误引起的网页乱码。就像每个格式的影片都需要解码器一样，浏览器在解读语言文字时也需要一个解码的东西。

那我们怎么解决这个网页乱码呢？其实很简单，只需在<head>与</head>标签之间添加一段<meta charset="uft-8">。

```
<!DOCTYPE html>
<html>
  <head>
<meta charset="uft-8">                        //设置 html 文档编码为 UFT-8
      <title>HTML 基本文档</title>
  </head>
  <body>
<h1>body 区块（section）标签</h1>
<p>HTML5 文档由不同区块</p>
  </body>
</html>
```

在文档中添加完<meta charset="uft-8">后，保存 HTML 文档，再次按 F12 浏览网页显示效果（图 2-4），可以发现网页已经正常显示了。UTF-8 是 UNICODE 是一种变长字符编码，该编码又可称为万国码，它可以在同一页面上显示中文简、繁体以及其他语言文字。若设置了 meta 字符集网页还是乱码，请检查编码器是否设置为 UTF-8。

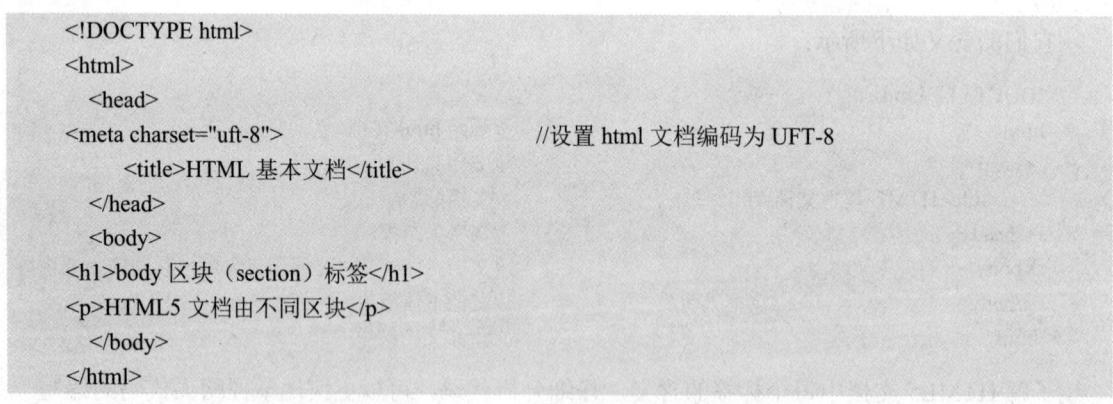

图 2-4　添加代码后运行结果

到这里，细心的朋友就会发现，刚刚编写的 HTML5 文档的最顶部代码与普通的 HTML 文档是有差别的。因为在本书里使用的是 Dreamweaver CC 软件，一开始就将文档设置为 HTML5 文档，所以在文档代码中自动生成一行<!DOCTYPE html>代码。当使用浏览器浏览网页文档时，这行代码会向浏览器声明该网页文档是 HTML5 文档，浏览器会按 HTML5 文档格式进行解析。

```
<!DOCTYPE html>                        //告知浏览器该文档是 HTML5 文档
<html>
  <head>
<meta charset="uft-8">
    <title>HTML 基本文档</title>
  </head>
```

2.1.2　编写正文主体：列表

现在，我们开始正文中列表（Lists）的编写。列表是网页设计中常用的元素，它使显示的信息结构整齐直观，便于用户理解信息内容。在 HTML 中共有三种：有序列表、无序列表和定义列表。三种列表分别对应三种不同的含义。在有序列表中的列表项有先后顺序，而在无序列表中列表是没有先后顺序的要求的，定义列表则是表示项目及其注释的组合。

如下所示，我们在正文中编写一段列表代码，在代码中使用无序列表显示各个项目，此列项目使用粗体黑色圆点进行标记。无序列表使用<ul></ul>标签，每个列表项用<li></li>标签。

```
<P>HTML5 文档由不同的区块构成</p>
<h2>HTML5 中新增的区块元素</h2>        //section 区域的标签，使用低一级的<h2>
<ul>                                 //无序列表的开始
    <li>section</li>                 //包含各个子列表项（list item）
    <li>article</li>                 //包含新增 article 元素的文字信息
    <li>nav</li>                     //包含新增 nav 元素的文字信息
    <li>aside</li>                   //包含新增 aside 元素的文字信息
</ul>                                //无序列表的结束
```

在 Dreamweaver CC 编写完代码后，打开实时视图就能浏览到与浏览器查看一样的显示效果，如图 2-5 所示。

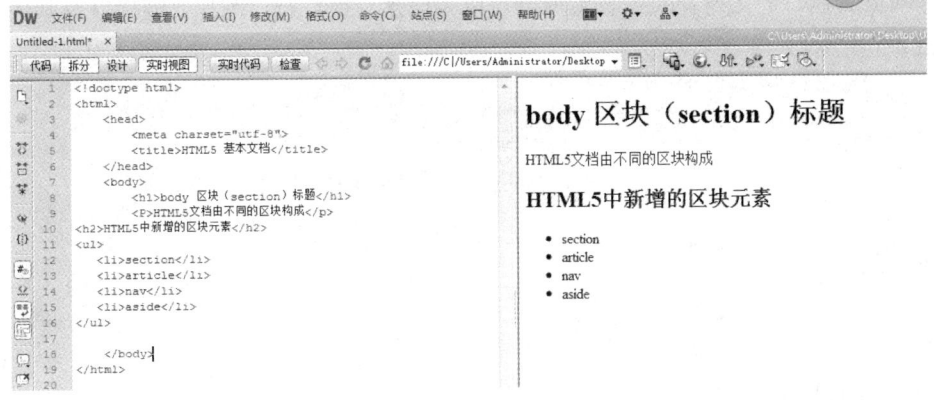

图 2-5　列表代码运行结果图

同样，有序列表页是一列项目，与无序列表不同的是，有序列表使用<ol></ol>标签进行标记。子列表使用<li></li>标记。如下所示：

```
<h2>中国网页浏览器的占有率</h2>        //section 区域的标签，使用<h2>标记
<ol>                                //有序列表开始
    <li>Internet Explorer</li>      //包含子列表
    <li>Firefox</li>
    <li>Mobile Safari</li>
    <li>Chrome</li>
</ol>                               //有序列表结束
```

编写完代码后保存网页文档，打开实时视图，查看网页。可以发现有序列表与无序列表的区别，有序列表的子列表前使用数字序号 1、2、3、4 来表示，如图 2-6 所示。

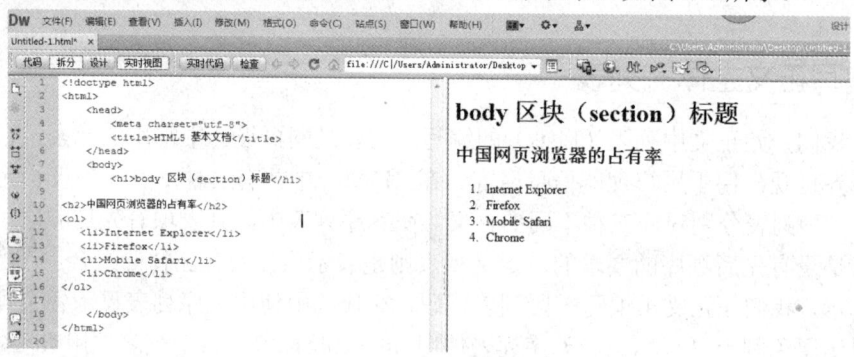

图 2-6　有序列表运行结果图

最后，定义列表项以<dl>标签开始，每个自定义列表项以<dt>开始，每个自定义列表项的定义以<dd>开始。

```
<dl>                                //定义列表开始
    <dt>CSS</dt>                     //定义列表项
    <dd>CSS 概念</dd>                //定义列表项的定义
    <dd>CSS 应用</dd>
    <dd>CSS hacks</dd>
</dl>                               //定义列表结束
```

保存网页文档，定义列表的列表项内部可以为段落、换行符、图片、链接以及其他列表等等。如图 2-7 所示。

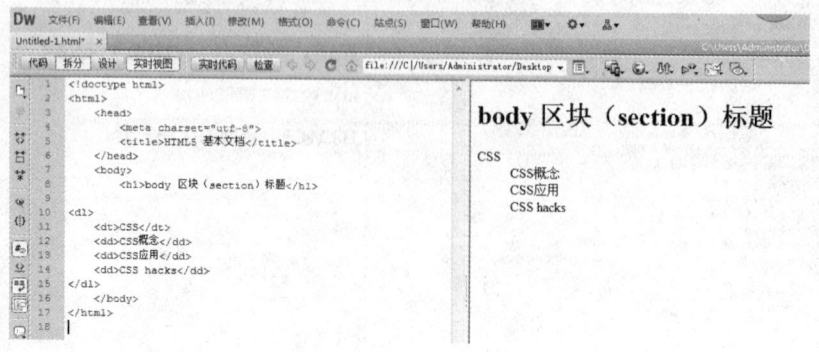

图 2-7　定义列表运行结果

2.1.3　HTML5 章节元素

1. 文件结构

图 2-8 说明了一个典型的 div 标记的两列布局与 id 和 class 属性。它包含了一个页眉、页脚，以及标题下方的水平导航条。

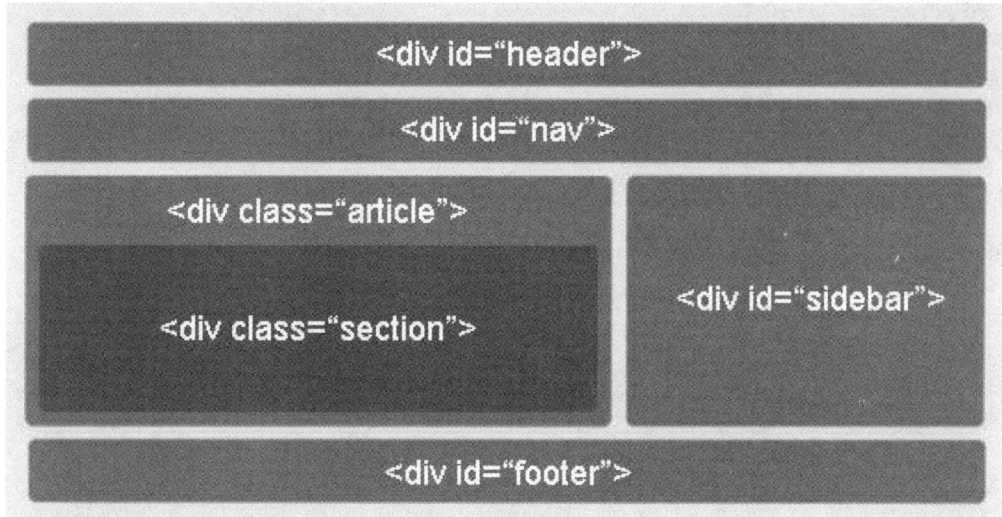

图 2-8　div 标签布局

使用 div 元素主要是因为当前的版本 HTML4 缺乏必要的语义描述。HTML5 解决了这个问题，通过引入新的元素代表每个不同的部分。如图 2-9 所示。

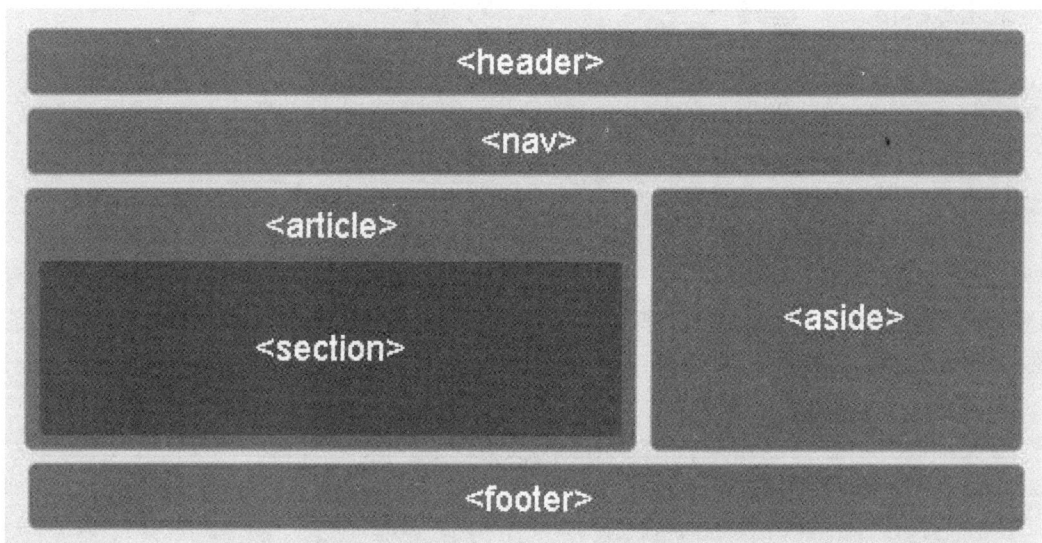

图 2-9　HTML5 语义标签布局

HTML5 新增的元素包括：header, nav, section, article, aside, and 和 footer。该文档的标记可以像下面这样：

```
<body>
<header>...</header>
<nav>...</nav>
<article>
<section>
...
</section>
</article>
<aside>...</aside>
<footer>...</footer>
</body>
```

以下标记与标题标记嵌套（h1 元素）使用：

```
<section>
    <h1>1 级目录</h1>
    <section>
      <h1>2 级目录</h1>
      <section>
         <h1>3 级目录</h1>
      </section>
    </section>
</section>
```

1. header

header 元素代表了头一节。头文件可能包含不止一节的标题。

```
<header>
<h1>标题</h1>
<p class="byline">段落</p>
</header>
<header>
<h1>标题 1</h1>
<h2>标题 2</h2>
</header>
```

2. footer

footer 元素代表了部分适用于页脚。一个页脚通常包含有关节等，谁写的信息，链接到相关文件资料的版权。

```
<footer>版权所有</footer>
nav 元素代表了一部分的导航链接。这是网站导航或内容表适用 。
<nav>
<ul>
<li><a href="/">首页</a></li>
<li><a href="/products">课程</a></li>
<li><a href="/services">文章</a></li>
<li><a href="/about">个人</a></li>
</ul>
</nav>
```

3. aside

<aside>的内容可用作文章的侧栏。

```
<aside>
<h1>月份</h1>
<ul>
<li><a href="/04/">4 月</a></li>
<li><a href="/03/">3 月</a></li>
<li><a href="/02/">2 月</a></li>
<li><a href="/01/">1 月</a></li>
</ul>
</aside>
```

4. section

section 代表一个文件或应用程序的通用部分，如目录。

```
<section>
<h1>目录</h1>
<p>第一章第 1 章  安装使用 Wamp Server 向导<br>
1.1 在 Windows 上安装 Wamp Server…</p>
</section>
```

5. article

article 代表一个文档中一个独立部分，页或网站，如新闻或博客，论坛帖子或个人意见。

```
<article id="comment-2">
<header>
<h4><a href="#comment-2" rel="bookmark">评论</a>
by <a href="http://pinglun.html/">CXY</a></h4>
<p><time datetime="2014-12-12T12:12Z">December 12th, 2014 at 12:12</time>
</header>
<p>快来评论吧！</p>
</article>
```

2.2 CSS3 基础

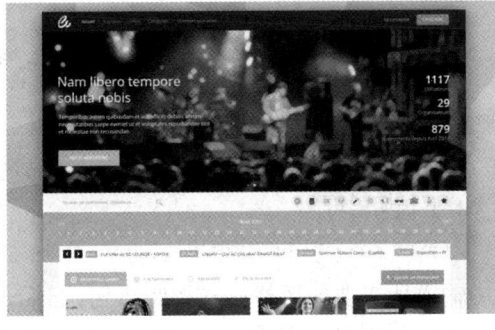

图 2-10 某网站 Banner 图

大家可能会问为什么人家的Banner这么酷炫？排版干净利落？其实这一切都是CSS3的功劳。现在，就来教大家如何使用 CSS3 对网页进行美化。

首先，单击"文件→新建"命令，在新建空白页中找到 CSS 并双击（如图 2-11 所示）。再将 CSS 文档保存命名为 style.css 到我们建好的站点 css 文件中。

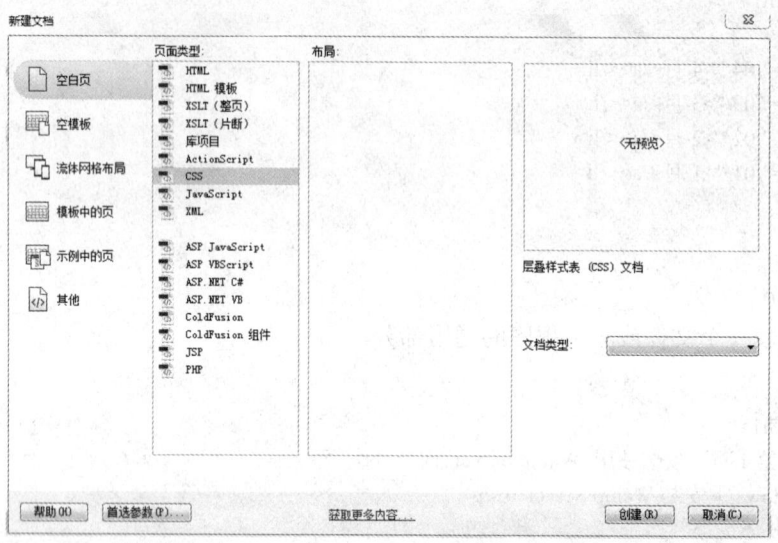

图 2-11　新建 CSS 样式文档

在 style.css 中自动生成一行代码：

@charset"utf-8"	在 CSS 中使用@charset 语句指定编码格式为 utf-8

在这里使用的@命令，设置字符集为 utf-8，是为了便于在 index.html 文档中调用该 style.css 文件。如果 HTML 文档与样式文件编码不同，就会造成部分文本无法正常显示。所以，在创建 HTML 文档与样式文件时要采用相同的字符集编码，避免之后出现乱码的问题。

2.2.1　控制 body 样式

CSS 样式的编写规则十分简单，只要记住"先选对象再修饰"。进行样式控制之前，要先选择要修饰的对象，这个对象称为"选择器"（Selector）。比如，HTML 文档中的 body 部分，它就是一个选择器，在 style.css 中输入选择器"body"，如下所示：

body	//选择要修饰的<body>元素

不同的选择器使用的修饰语句不同，为了区分它们，我们要在各个选择器后用一对大括号（{}），大括号内的样式修饰语句仅对于该选择器起作用。

body{	//左大括号表示开始编写语句
	//样式声明语句
}	//右大括号表示结束编写语句

接下来，我们在大括号中输入所需的风格样式控制语句。它们是由属性与属性值组成的，不同属性之间使用分号（;）分隔。首先，输入一个控制文本字体大小的属性（Property）为font-size，设置值为 75%，这里的 75%就是属性值（Value）。在大部分浏览器中，默认字体的

大小为 16px。当我们设置字体大小为 75%的时候，实际在浏览器里字体显示的大小为 12px
（16px×0.75）。

```
body{
    font-size:75%;                    //设置字号为75%（12px），浏览器默认字号为16px。
}
```

接着，我们可以对文本行间距进行调节，文本行间距的属性为 line-height，设置值为 1.5，
字体大小设为 12px，在浏览器里实际显示的行间距为 12px×1.5，即为 18px。

```
body{
    Font-size:75%;
    Line-height:1.5:                  //设置行间距为字体尺寸的1.5倍（12px*1.5=18px）
}
```

综上所述，编写好代码后记得进行保存，如图 2-12 所示。

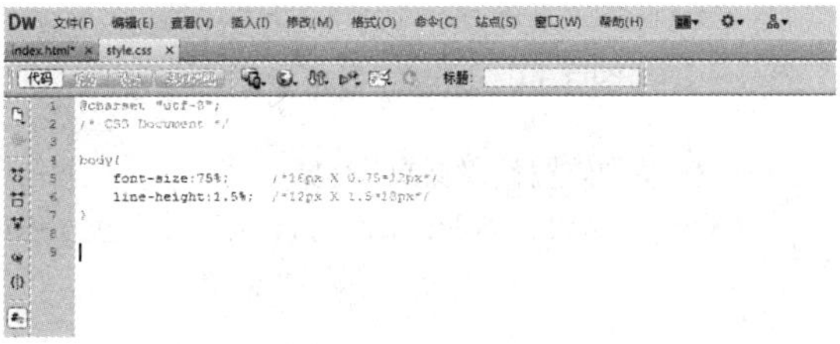

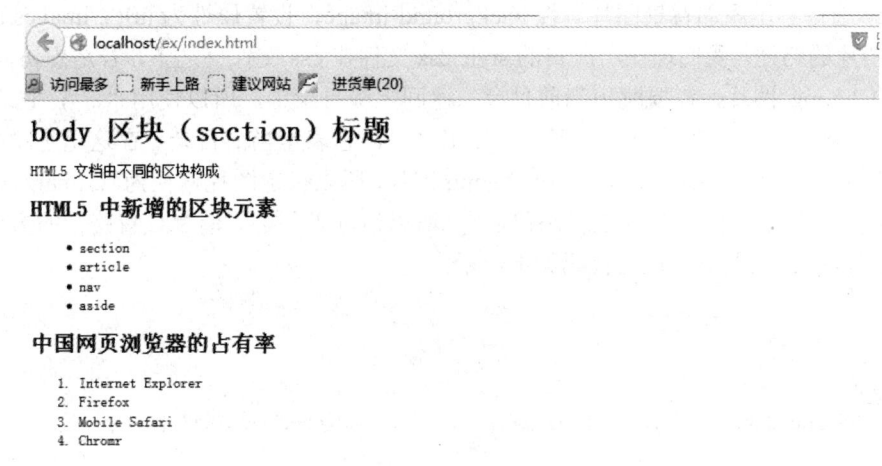

图 2-12　body 样式编辑结果

现在我们再次打开网页 index.html 文档，在<head></head>之间插入一行代码，将 style.css
样式文件与 index.html 文档链接起来。

```
<link href="css/style.css" rel="stylesheet"/>        //使用<link/>调用 css/style.css
</head>
```

保存文件后，运行网页浏览器，打开 index.html 文件查看网页页面效果，可以发现文本的
大小与行间距都被改变了，样式表对网页起到了控制作用，如图 2-13 所示。如果页面没有得
到改变，那就要重新检查 style.css 文件与 index.html 是否正确链接。

图 2-13　链接样式后的结果

2.2.2 控制标题样式

现在，我们开始对标题进行字体颜色设置，首先要确定选择器，标题 h1 和 h2 就是要控制的选择器，它们是 HTML 标签，如图 2-14 所示。

```
<h1>body 区块（section）标题</h1>
<p>HTML5 文档由不同的区块构成</p>

<h2>HTML5 中新增的区块元素</h2>
<ul>
  <li>section</li>
  <li>article</li>
  <li>nav</li>
  <li>aside</li>
</ul>
```

图 2-14 标题标签示意图

```
H1,h2{                            //选择要修饰的对象
    Color：#3fb8eb;               //设置 color 属性为十六进制颜色值#RRGGBB，指定标题颜色
}
```

如果同时要对多个 HTML 标签应用相同样式，就应在大括号前罗列出要应用的所有标签，使用逗号（,）将它们分隔开来。将这些选择器统称为"选择器组"（Grouping）。大括号中设置的样式风格将会对选择器组里的选择器都起作用。

2.3 控制网页背景与字体

下面我们来为网页添加背景图片。首先在 html 文件与 css 文件夹目录下创建一个新建文件夹，命名为 images，然后在其中添加需要的背景图片 bg.jpg。

在 body 选择器里添加背景图片属性 background-image，设置属性为 url('../images/bg.jpg')。url 指背景图片的路径。我们现在所编辑的 style.css 文件在 css 文件夹之下，若是想访问 images 文件夹中的 bg.jpg 图片，需要跳出当前目录，返回上级目录中，所以使用 "../"，它表示上一级目录。若是访问的文件在同一目录下，则使用 "./"，它表示当前目录。在这里是跳出 css 文件夹返回上级，再访问 images 文件夹中的 bg.jpg 图片，所以指定图片路径为 "../images/bg.jpg"。在后面的学习中我们会不断涉及文件路径问题，所以请读者务必弄清楚设置路径的方法。CSS 的 body 选择器中插入网页图片的代码如下所示。

```
Body{
    Font-size:75%;
    Line-height:1.5;
    Background-image:url('../images/bg.jpg');           //为 body 设置背景图片
}
```

向 CSS 中添加完网页图片代码后，保存并刷新网页，可以看到网页已有了背景图片，标

题 h1、h2 文本颜色为浅蓝色。其他未指定颜色的文本默认为黑色。因为背景是深色的关系，默认为黑色的文本在背景之中看不清楚，如图 2-15 所示。所以接下来要设置正文字体的颜色为浅灰色，在 body{}中添加如下代码。

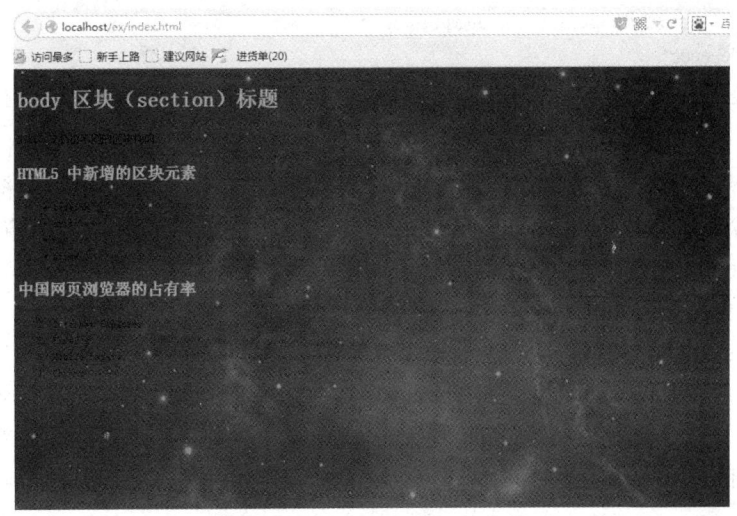

图 2-15 修改了标题字体颜色后的结果

```
Body{
    Font-size:75%;
    Line-height:1.5;
    Background-image:url('../images/bg.jpg');
    Color:#ececec;          //设置 body 元素的字体颜色为亮灰色
}
```

保存 CSS 样式表，刷新网页，现在我们就能够看到清晰的亮灰色文字。但是因为文本默认使用的是衬线字体（serief），可读性不佳，所以为了提高网页文本的可读性，我们将正文文本字体设置为无衬线字体（sans-serief）。

在 CSS 中 font-family 属性用于设置字体，我们将正文字体设置为黑体。黑体属于无衬线字体（sans-serief）。使用的代码如下。

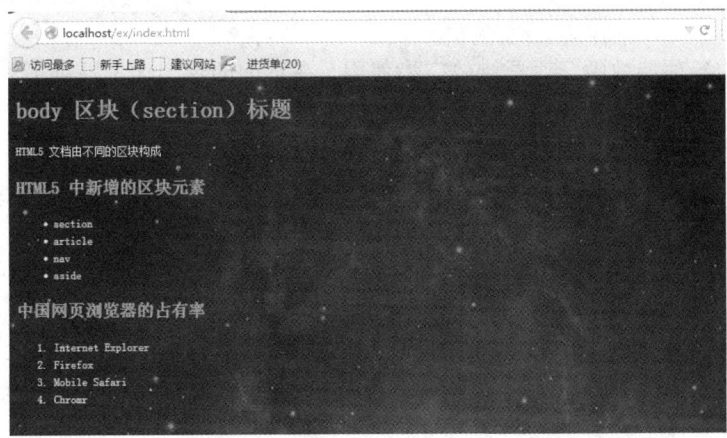

图 2-16 修改了全部字体颜色后的结果

```
Body{
        Font-family:黑体,Dotum,Sans-Serief;                    //为 body 设置字体（font）
            Font-size:75%;
            Line-height:1.5;
            Background-image:url('../images/bg.jpg');
        Color:#ececec;
}
```

再次保存 CSS 样式表，刷新页面，可以看见网页上的文本字体已经被更改为黑体。仔细观察页面，我们可以发现添加的背景图片不匹配浏览器窗口的尺寸大小，使得页面不美观。CSS3 提供了一个新的属性 background-size，用于解决背景图片大小与浏览器窗口匹配的问题。通过使用 background-size，可以根据浏览器窗口尺寸设置背景图片大小，使得背景图片大小能够恰好填充满整个浏览器窗口。

background-size 是 CSS3 新增加的一个属性，它允许我们随意控制背景图片的尺寸。使用时，它的属性值可以是像素，百分比或者 auto，还可以是 cover 和 contain。cover 属性是将图片本身缩放到正好完全覆盖定义背景的区域；contain 属性是将图片本身缩放到宽度或者高度正好适应定义背景的区域。

```
Body{
        Font-family:黑体,Dotum,Sans-Serief;
            Font-size:75%;
            Line-height:1.5;
            Background-image:url('../images/bg.jpg');
            Background-size: cover;                            //设置 body 元素的背景图片尺寸为 cover
        Color:#ececec;
}
```

在 body{}中添加完背景图片尺寸属性之后，保存 CSS 样式表。刷新浏览器页面，可以看见背景图片已经完全覆盖浏览器窗口。

实践练习：旋转的星球

实验目的：

CSS3 新增的各项特效中，动画特效广为使用，在下面的练习中，提供了一个详细的步骤，请读者跟随步骤体验一下动画特效。结合 animation 和 transform 制作出旋转效果。

实验基础要求：

animation()，transform()：rotate()函数。

实验内容与步骤：

放入图片（图 2-17），并移动好位置。

图 2-17　星球图

设置 img 的属性为 display：block，margin：200px auto。

1．设置 animation

制作提示：

（1）给动画取一个名字：animation-name："rotate"。

（2）设置动画持续的时间：animation-duration：5s。

（3）设置动画的速度变化率（为匀速）：animation-timing-function：linear。

（4）设置循环次数：animation-iteration-count：infinite；（无限循环）。

（5）加入-webkit-，-o-，-ms-，-moz-的前缀。

（6）设置动画旋转的基点：transform-origin:200%　200%。

2．设置 keyframes

制作提示：

（1）基本格式：@keyframes　rotate { }。

（2）设置 0%时：旋转角度为 0deg。

（3）设置 100%时：旋转角度为 360deg。

（4）加入-webkit-，-o-，-ms-，-moz-的前缀。

第*3*章

基于 jQuery 的应用

jQuery 是最出色的 JavaScript 库之一。它可以方便地用来构建交互式 Web 应用程序。又因为它是免费和开源的，使用非常广泛。jQuery 有很多优点，主要如下。

轻量级：其体积小，加载速度更快；

求助容易：因为它是开源和免费的，有多人在使用它，遇到问题时，可以方便地查询和求助；

插件繁多：如果 jQuery 某些功能没有的话，可以搜索一下，很多人为它开发了各种插件，只要将其添加到网站中即可。

3.1 添加和使用 jQuery

在接下来的几节中我们将介绍如何使用 jQuery 的一些应用来构建页面元素、添加菜单、创建层叠面板和表单表格。总体来说就是利用 jQuery 来为网页添加实用的效果。

3.1.1 添加 jQuery

请从 jquery.com 网站下载 jQuery 开发工具包，并且在页面中添加 jQuery 库：<script src="本地地址/jquery.js"></script>。也可以用 CDN 的方式使用 jQuery。

```
<script src="http://code.jquery.com/ jquery-latest.min.js"></script>
```

注意：为了以 CDN 方式使用 jQuery，计算机需要连接到互联网，否则就只能使用本地的 jQuery 库了。

3.1.2 使用 jQuery 交互

网站交互的意义在于增加网站的友好度、使用性和易用性，从而使用户能简单、快速有效地完成网站赋予或用户自身所需的服务、功能和目标。大家最常见的图片轮播就是一种交互，如图 3-1 所示就是 JET SETTER 网首页的图片轮播图。单击左右的箭头图片就能翻页，图上的文字可以链接到项目具体内容，详细效果请参见网站 http://www.jetsetter.com/。

图 3-1　JET SETTER 网站的首页图片轮播图 http://www.jetsetter.com/

目前，越来越多的大型网站开始使用 jQuery 及其插件实现其前端交互。如图 3-2 和图 3-3 所示，网站的滑块导航具有交互的功能，鼠标移动某滑块，手机中图的界面就发生变化，想看具体效果可以参见网站 http://www.tearoundapp.com/。

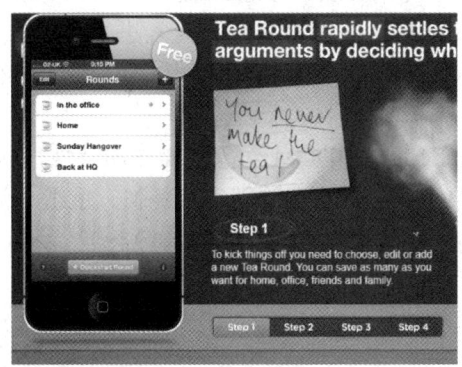

图 3-2　滑块移动在 step1 上　　　　　图 3-3　滑块移动在 step3 上

1. 选择页面元素

在 jQuery 里，利用操作符$("　　")就可以选择 HTML 元素。下面是一些使用范例。

```
$("span");                        //选择页面上全部 span 元素
$("#elem");                       //选择 id 为"elem"的 HTML 元素
$(".classname");                  //选择类名为"classname"的 HTML 元素
$("div#elem");                    //选择 id 为"elem"的<div>元素
$("ul li a.menu");                //选择类名为"menu"且嵌套在列表项里的锚点
$("p>span");                      //选择 p 的直接子元素 span
$("input[type=password]");        //选择具有指定类型的输入元素
$("p:first");                     //选择页面上第一个段落
$("p:even");                      //全部偶数段落
```

提示：在这里操作符里也可以使用单引号：$ (")。

2. 从 DOM 获取相应的元素

DOM（Document Object Model，文档对象模型），DOM 可以以一种独立于平台和语言的方式访问和修改一个文档的内容和结构。也可以说，这是表示和处理一个 HTML 或 XML 文档的常用方法。

DOM 的设计是以对象管理组织（OMG）的规约为基础的，可以用于任何编程语言。最初人们把它认为是一种让 JavaScript 在浏览器间可移植的方法，随着技术的发展，现在 DOM 的应用已经远远超出这个范围。

DOM 技术使得用户页面可以动态地变化，比如可以动态地显示或隐藏一个元素、改变它们的属性、增加一个元素等，DOM 技术使得页面的交互性大大增强。

DOM 实际上是以面向对象方式描述的文档模型。DOM 定义了表示和修改文档所需的对象以及对象的行为、属性、这些对象之间的关系。可以把 DOM 认为是页面上数据和结构树形表示，当然，页面可能并不是以这种树的方式具体实现。

在 1998 年，W3C 发布了第一级的 DOM 规范。这个规范允许访问和操作 HTML 页面中的每一个单独的元素。

所有的浏览器都执行了这个标准，因此，DOM 的兼容性问题也得以解决。

DOM 分为不同的部分（核心、XML 及 HTML）和级别（DOM Level 1/2/3）。

DOM 可被 JavaScript 用来读取、改变 HTML、XHTML 以及 XML 文档。

通过 JavaScript，可以重构整个 HTML 文档。也可以添加、移除、改变或重排页面上的项目。要改变页面的某个东西，JavaScript 就需要获得对 HTML 文档中所有元素进行访问的入口。这个入口，连同对 HTML 元素进行添加、移动、改变或移除的方法和属性，都是通过文档对象模型来获得的（DOM）。

jQuery 作为 JavaScript 库，继承并发扬了 JavaScript 对 DOM 对象的操作的特性，使开发人员能方便地操作 DOM 对象。jQuery 的 DOM 操作方法、元素的创建、复制、重组、修饰。

```
$(":header");      //操作标题元素（h1 到 h6）
$(":button");      //操作全部按钮元素（输入框或按钮）
$(":radio");       //操作单选按钮
$(":checkbox");    //操作选择框
$(":checked");     //操作选中状态的选择框或单选按钮
```

前面这几条 jQuery 语句都会返回一个对象，其中包括由指定 DOM 元素组成的数组。这些语句并没有实际操作，只是从 DOM 获取相应的元素。

3. 操作 HTML 内容

html()和 text()方法能够获取和设置选中元素的内容，而 attr()可以获取和设置单个元素的属性。操作页面元素内容是最能体现 jQuery 高效工作的方面之一。

● html()

这个方法能够获取元素或一组元素的 HTML 内容，类似于 JavaScript 的 innerHTML。如以下语句：

```
var htmlContent=$("#elem").html();
```

变量 htmlContent 就会包含 id 为"elem"的页面元素内部的全部 HTML（包括文本）。使用类似的语法，就可以设置元素或一组元素的 HTML 内容：

```
$("#elem").html("<p>新的内容哦！</p>");
```

这样就会修改 id 为"elem"的页面元素的 HTML 内容。图 3-4 是原来的内容，图 3-5 是修改后的内容。

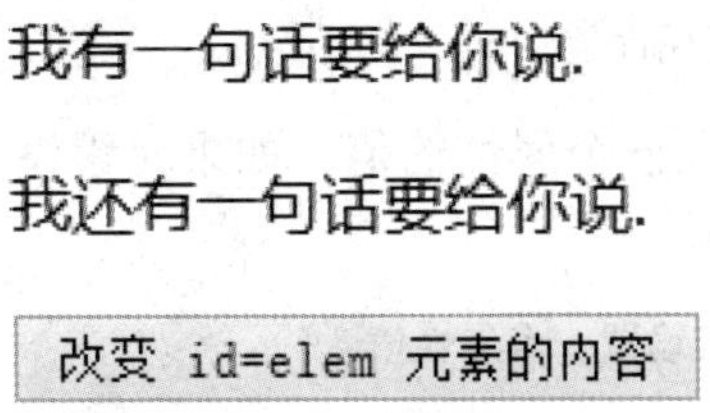

我有一句话要给你说.　　　　　　　新的内容哦！

我还有一句话要给你说.　　　　　　新的内容哦！

改变 id=elem 元素的内容　　　　改变 id=elem 元素的内容

图 3-4　原来的内容 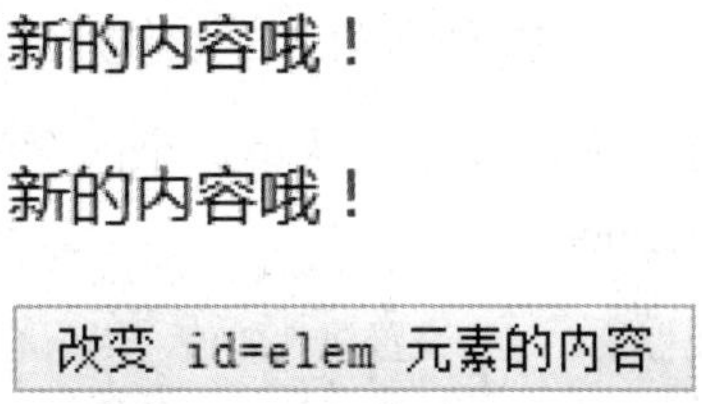　　　　　　图 3-5　修改后的内容

● text()

如果只是想获得一个元素或一组元素的文本内容，除了使用 html()外，还可以使用 text()，如以下语句：

```
var textContent =$("#elem").text();
```

变量 textContent 就会包含 id 为"elem"的页面元素内部的全部文本(不包括 HTML)。

同样，它可以设置元素文本内容：

```
$("#elem").text("用 text()方法实现的修改哦！");
```

这样就会修改 id 为"elem"的页面元素的文本内容。图 3-6 是原来的内容，图 3-7 是修改后的内容。

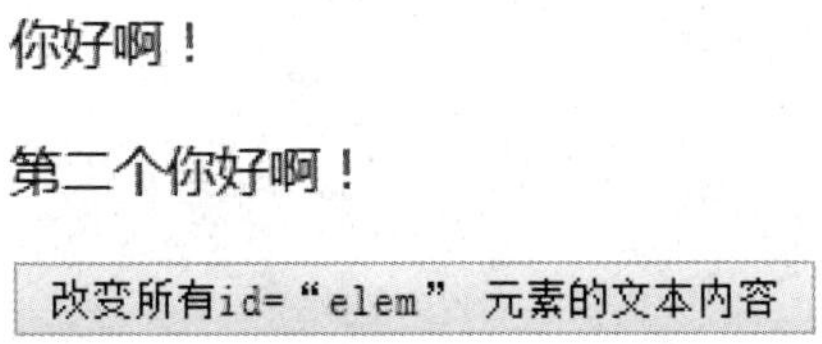

你好啊！　　　　　　　　　　用text（）方法实现的修改哦！

第二个你好啊！　　　　　　　用text（）方法实现的修改哦！

改变所有id="elem"元素的文本内容　　改变所有id="elem"元素的文本内容

图 3-6　原来的内容 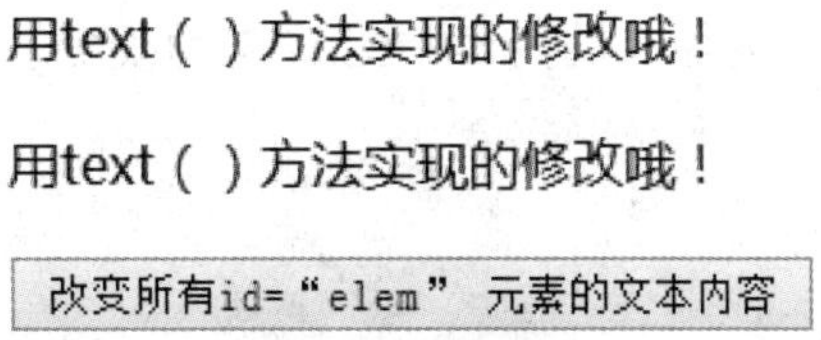　　　　　图 3-7　text()方法修改后的内容

如果想给元素添加文本内容而不是替换其中的内容，可以进行以下操作：

```
$("div").append("<p> Hello world! </p>");
```

这样会在保持原有内容的基础上，添加新的内容。图 3-8 是原来的内容，图 3-9 是修改后的内容。

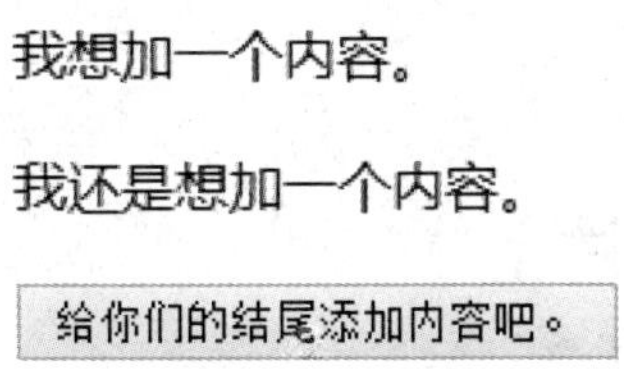

我想加一个内容。　　　　　　我想加一个内容。 **Hello world!**

我还是想加一个内容。　　　　我还是想加一个内容。 **Hello world!**

给你们的结尾添加内容吧。　　给你们的结尾添加内容吧。

图 3-8　原来的内容 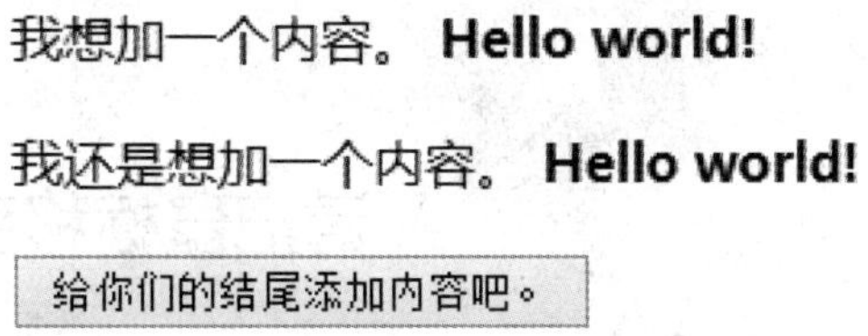　　　　　图 3-9　append ()方法修改后的内容

● attr()

在 JavaScript 中设置节点的属性和属性值要用 setAttribute()；获得节点的属性与属性值用到 getAttribute()。而在 jQuery 中，用一个 attr()方法就可以了。jQuery 中用 attr()方法来获取和设置元素属性；attr 是 attribute（属性）的缩写，在 jQuery DOM 操作中会经常用到 attr()，attr()有 4 个表达式。

attr(属性名)　　　　//获取属性的值，取得第一个匹配元素的属性值

通过这个方法可以方便地从第一个匹配元素中获取一个属性的值。如果元素没有相应属性，则返回 undefined。

attr(属性名,属性值)　　　//设置属性的值，为所有匹配的元素设置一个属性值
attr(属性名,函数值)　　　//设置属性的函数值

为所有匹配的元素设置一个计算的属性值。不提供值，而是提供一个函数，由这个函数计算的值作为属性值。

attr(properties)　　//给指定元素设置多个属性值
也就是：
{
属性名一: "属性值一", 属性名二: "属性值二", ……
}

这是一种在所有匹配元素中批量设置很多属性的最佳方式。

注意：如果要设置对象的 class 属性，必须使用'className'作为属性名。或者可以直接使用'class'或者'id'。

改变图片内容，使用的语句如下：

```
$("img").attr("src","wrong.png");
```

图 3-10 为原来的内容，图 3-11 为改变了图片后的效果。

图 3-10　原来的内容

图 3-11　改变了图片后的效果

4. 显示和隐藏元素

如果不使用 jQuery，想要显示和隐藏页面元素，通常是利用元素的 style 对象的 display 或 visibility 属性来实现的。这种方法在 JavaScript 里面没有任何问题，只是会导致比较长的代码：

```
document.getElementById("elem").style.visibility ='visible';
```

利用 jQuery 的 show()和 hide()方法不仅可以实现显示和隐藏页面元素的功能，而且还具有额外的一些功能。

● Show()方法

Show()方法可以让单个元素或一组元素显示在页面上：

```
$("p").show();
```

上述这行代码的作用是显示全部<p>元素。

程序清单 3-1：显示和隐藏元素

```
1   <!doctype html>
2   <html>
3   <head>
4   <meta charset="utf-8">
5   <script type="text/javascript" src="/jquery/jquery.min.js"></script>
6   <script type="text/javascript">
7   $(document).ready(function(){
8   $(".btn1").click(function(){
9   $("p").hide();
10  });
11  $(".btn2").click(function(){
12  $("p").show("fast",function(){
13      alert("你点了秀哦！")});
14     });
15   });
16   </script>
17   </head>
18   <body>
19     <p>我是一段可藏可秀的文字啊！</p>
20     <button class="btn1">藏</button>
21     <button class="btn2">秀</button>
22   </body>
23   </html>
```

图 3-12 为显示界面，单击"藏"按钮后如图 3-13 所示，可以看到，上面那段文字已经没有显示了。

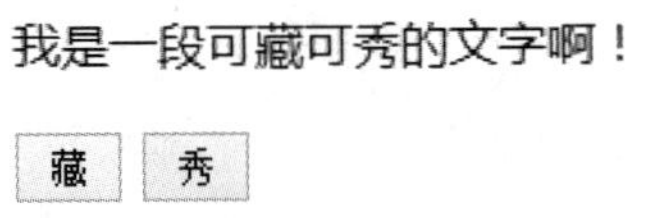

图 3-12 可藏可秀的文字    图 3-13 单击"藏"按钮后的效果

另外，还可以添加一些参数来调整显示的过程，如以下语句：

```
$("p").show("fast",function(){
alert("你点了秀哦！")
});
```

单击"秀"按钮后的效果如图 3-14 所示。

图 3-14　单击"秀"按钮后的效果

"fast"参数定义了显示元素的速度。这个参数可以设置为 fast/slow，还可以用数字表示特定时间（单位是毫秒）。如：

```
$("p").show("3000",function(){
//包含一些显示后的操作
})
```

也就是 3 秒钟后显示 p 元素。

如果不设置这个参数，元素就会立即显示，没有任何动画。

第二个参数 function()类似于回调函数，能够在显示完成时执行一次操作。

● hide()

这个方法的用途与 show()相反，用于隐藏页面元素。它也有一些像 show()一样的可选参数：

```
$("h1").hide("slow",function(){
    //在元素隐藏之后进行某些操作
});
```

提示："slow"对应的数值约是 600ms，"fast"对应的数值约是 200ms。

● toggle()

这个方法会改变一个元素或一组元素的当前显示状态，也就是说把显示的元素隐藏起来，把隐藏的元素显示出来。它也具有关于变化速度及回调函数的参数。

```
$("#elem").toggle("1000",function(){    //在元素显示或隐藏之后进行某些操作})
```

把程序清单 3-1 的第 6～21 行改成如下：

```
<script type="text/javascript">
$(document).ready(function(){
$(".btn1").click(function(){
$("p").toggle();
});
});
```

```
</script>
</head>
<body>
<p>我是一段可藏可秀的文字啊！</p>
<button class="btn1">藏/秀</button>
```

可以看到如图 3-15 所示的效果。

单击"藏/秀"按钮，可以交替藏起上面这段文字和显示文字，如图 3-16 所示。

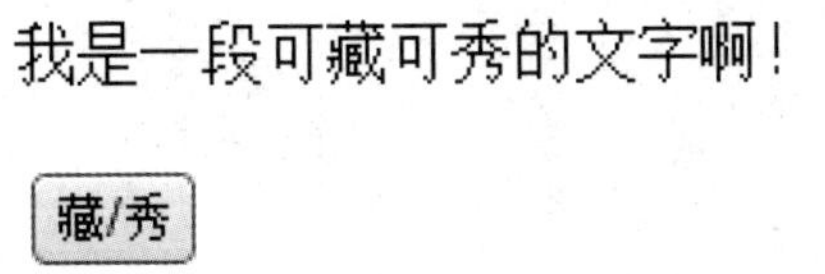

我是一段可藏可秀的文字啊！

藏/秀

藏/秀

图 3-15 修改后的显示效果 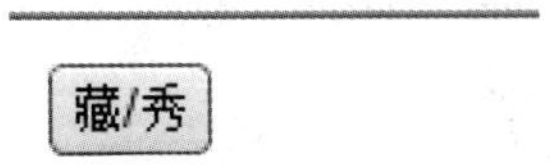　　　　图 3-16 单击"藏/秀"按钮后的效果

5. 元素动画

现在网站追求一些年轻动感的效果，让页面元素不能仅仅是简单的隐藏显示，jQuery 提供了一些相当强大的标准动画效果，具体介绍如下。

● 淡入淡出

元素的淡入淡出效果总体来说就是一个元素消失，另外一个元素出现。元素消失可以有一个透明度的变化过程，如果直接就消失，显得比较生硬，使用的 jQuery 函数是 fadeOut(time)，time 是整个动作的持续时间。在实现元素淡入淡出的同时，还可以设置持续时间和回调函数。

淡出的操作是这样的：

```
$("#elem").fadeOut("slow",function(){
   //在淡出之后进行一些操作
});
```

淡入的操作是这样的：

```
$("#elem").fadeIn (500,function(){
   //在淡入之后进行一些操作
});
```

还可以让元素进行透明度的改变：

```
$("#elem").fadeTo(3000,0.5,function(){
   //在淡入或淡出之后进行一些操作
});
```

其中第二个参数(0.5)代表最终不透明度，类似于 CSS 里设置的不透明度。不管元素曾经的不透明度是多少，在执行上述语句之后，它都会变成第二个参数所指定的值。

程序清单 3-2：淡入和淡出元素

```
1  <!doctype html>
2  <html>
3  <head>
```

```
4    <meta charset="utf-8">
5    <script type="text/javascript" src="jquery/jquery.min.js"></script>
6    <script type="text/javascript">
7    $(document).ready(function(){
8      $(".btn1").click(function(){
9      $("img").fadeOut()
10        });
11     $(".btn2").click(function(){
12     $("img").fadeIn();
13          });
14     });
15   </script>
16   </head>
17   <body>
18   <img src="image/2.jpg"><br/>
19   <button class="btn1">fadeOut 淡出</button>
20    <button class="btn2">fadeIn 淡入</button>
21    </body>
22    </html>
```

第 8 行和第 9 行为当用户单击 fadeOut 淡出按钮时，让图片淡出。第 11 行和第 12 行，当单击 fadeIn 淡入按钮时，图片淡入。

具体效果如图 3-17 和图 3-18 所示。

图 3-17　程序运行效果　　　　　图 3-18　单击"fadeOut 淡出"按钮后的效果

对上述代码做一个修改，就可以只对图片进行透明度的修改操作。

程序清单 3-3：修改元素透明度

```
1    <!doctype html>
2    <html>
3    <head>
4    <meta charset="utf-8">
5    <script type="text/javascript" src="jquery/jquery.min.js"></script>
6    <script type="text/javascript">
7    $(document).ready(function(){
8      $(".btn1").click(function(){
```

```
9        $("img").fadeOut(5000)
10         });
11     $(".btn2").click(function(){
12     $("img").fadeIn(5000);
13         });
14      $(".btn3").click(function(){
15      $("img").fadeTo(3000,0.3);
16        });
17     });
18  </script>
19   </head>
20   <body>
21   <img src="image/2.jpg"><br/>
22   <button class="btn1">fadeOut 淡出</button>
23    <button class="btn2">fadeIn 淡入</button>
24   <button class="btn3">fadeTo 透明度</button>
25    </body>
26     </html>
```

具体效果如图 3-19 所示。

图 3-19　程序 3-3 的运行效果

当按下"fadeTo 透明度"按钮后，可以看到如图 3-20 所示的结果。可以看到透明度大大增加。图片隐约可见。此后，再去按别的按钮，图片会一直保持这个透明度。

图 3-20　按下"fadeTo 透明度"按钮后的效果

● 滑动

jQuery 实现元素滑动的方法与实现淡入淡出的方法如出一辙，它们的参数具有同样的规则，可以实现单个或一组元素的向上或向下滑动。

向下滑动是这样的：

```
$("img").slideDown(150,function){
    //向下滑动之后进行一些操作
});
```

向上滑动是这样的：

```
$("img").slideUp("slow",function){
    //向上滑动之后进行一些操作
});
```

为了实现根据元素目前位置自动决定是向上滑动还是向下滑动，jQuery 还提供了 slideToggle()方法。

```
$("img").slideToggle(1000,function){    //向上滑动或向下滑动之后进行一些操作});
```

程序清单 3-4：修改元素透明度

```
1    <!doctype html>
2    <html>
3    <head>
4    <meta charset="utf-8">
5    <script type="text/javascript" src="jquery/jquery.min.js"></script>
6    <script type="text/javascript">
7    $(document).ready(function(){
8    $(".btn1").click(function(){
9     $("img").slideUp(1000);
10        });
11    $(".btn2").click(function(){
12    $("img").slideDown(1000);
13        });
14    });
15    </script>
16    </head>
17    <body>
18    <img src="image/36679064_13943162.jpg" width="200" height="200"><br/>
19    <button class="btn1">向上滑出</button>
20    <button class="btn2">向下滑入</button>
21    </body>
22    </html>
```

第 9 行，当单击 class="btn1"的按钮时，图片用 1 秒的时间向上滑出。

第 12 行，当单击 class="btn2"的按钮时，图片用 1 秒的时间向下滑入。

运行结果如图 3-21 和图 3-22 所示。

向上滑出　向下滑入　　　　　　　　向上滑出　向下滑入

图 3-21 程序 3-4 运行后的效果　　　　　图 3-22 单击"向上滑出"按钮后的效果

● 动画

实现动画的方法很简单，利用 jQuery 指定元素要使用 CSS 样式表，jQuery 就以渐变方式应用 CSS 样式，而不是像普通的 CSS 或 JavaScript 那样直接应用，从而实现动画的效果。

程序清单 3-5：animate()动画

```
1   <!doctype html>
2   <html>
3   <head>
4   <meta charset="utf-8">
5   <script type="text/javascript" src="jquery/jquery.min.js"></script>
6   <style>
7   #box{
8      background-color:#0CF;
9      height:200px;
10     width:200px;
11     margin:30px;
12     }
13  </style>
14  <script type="text/javascript">
15  $(document).ready(function()
16     {
17     $(".btn1").click(function(){
18        $("#box").animate({height:"300px",margin:"0px"});
19     });
20     $(".btn2").click(function(){
21        $("#box").animate({height:"200px",margin:"30px"});
22     });
23  });
24     </script>
25     </head>
26     <body>
```

```
27          <div id="box">
28          </div>
29          <button class="btn1">动画</button>
30          <button class="btn2">恢复</button>
31          </body>
32          </html>
```

第 17 行～第 19 行，把 box 元素的高度和外边距动画设置到 300 像素和 0 像素。如图 3-23 和图 3-24 所示。

图 3-23　程序 3-5 运行效果图　　图 3-24　按下"动画"按钮后的效果

按下"动画"按钮后，box 盒子的高度变高了，外边距变窄了。外边距可以从按钮和矩形之间的距离看出变化。

6. 命令链

jQuery 的大多数方法都返回一个 jQuery 对象，可以用于再调用其他方法，这是 jQuery 的另一个方便之处。比如可以像这样组合：

```
$("#elem").fadeOut().fadeIn();
```

上面这行代码会先淡出指定的元素，然后淡入显示它们。命令链的长度没有什么限制，从而可以对同一组元素连续进行很多操作。

```
$("#elem").text("Hello from jQuery").fadeOut().fadeIn();
```

7. 处理事件

在 jQuery 里可以用多种方式给单个元素或一组元素添加事件处理器。首先，最直接的方法是这样的：

```
$("a").click(function){
    alert("hello！ jQuery"); //单击时要执行代码
});
```

或者像下面这样使用命名的函数：

```
function hello(){
    alert("hello！ jQuery");
```

```
    }
$("a").click(hello);
```

在上面这两个范例里，当锚点 a 被单击时，就会执行指定的函数弹出一个对话框。程序运行的效果如图 3-25 所示。

图 3-25　添加事件处理器

jQuery 里其他常见的事件包括 blue、focus、hover、keypress、change、mousemove、resize、scroll、submit 和 select。

jQuery 以跨浏览器的方式包装了 attachEvent 和 addEventListener 方法，从而便于添加多个事件处理器：

```
$("a").on('click',hello);
```

注意：on()方法是在 jQuery1.7 引入的，用于取代以前一些事件处理方法，包括 bind()、delegate()和 live()。

3.1.3　使用 jQuery 实现 AJAX

AJAX，也即 "Asynchronous Javascript And XML"（异步 JavaScript 和 XML），是指一种创建交互式网页应用的网页开发技术。

通过在后台与服务器进行少量数据交换，AJAX 可以使网页实现异步更新。这意味着可以在不重新加载整个网页的情况下，对网页的某部分进行更新。

传统的网页（不使用 AJAX）如果需要更新内容，必须重载整个网页页面。

AJAX 可以在后台与服务器之间进行通信，在不刷新页面的情况下显示得到的结果，从而让页面与用户的交互更加顺畅。

由于不同浏览器以不同方式实现 XMLHttpRequest 对象，AJAX 编程显得有些复杂。AJAX 开发与传统的 C/S 开发有很大的不同。这些不同引入了新的编程问题，最大的问题在于易用性。由于 AJAX 依赖浏览器的 JavaScript 和 XML，浏览器的兼容性和支持的标准也变得和 JavaScript 的运行时性能一样重要了。这些问题中的大部分来源于浏览器、服务器和技术的组合，因此必须理解如何才能最好地使用这些技术。好在 jQuery 解决了这些问题，让我们用很少的代码就可以编写 AJAX 程序。

jQuery 包含不少执行 AJAX 对服务器调用的方法，这里介绍其中最常用的一些方法。

1. load()

如果只是需要从服务器获取一个文档并在页面元素里显示它，那么只需要使用 load()方法就可以了。比如下面的代码片段会获取 index.html，并且把它的内容添加到 id 为"elem"的元素：

```
$(function(){
    $("#elem").load("index.html");
});
```

在使用 load()方法时，除了指定 URL 外，还可以传递一个选择符，从而只返回相应的页面内容：

```
$(function(){
    $("#elem").load("index.html #minfooter");
});
```

上面的代码在 URL 之后添加一个 jQuery 选择符，中间以空格分隔。这样就会返回选择符指定的容器里的内容，本例就是 id 为"minfooter"的元素。

2. get()和 post()

为弥补 load()方法的简单功能，jQuery 还提供了发送 GET 和 POST 请求的方法。

这两个方法很类似，只是调用不同的请求类型而已。调用这两个方法时不需要选择某个 jQuery 对象(比如某个或一组页面元素)，而是直接调用：$.get()或$.post()。在最简单的形式中，它们只需要一个参数，就是目标 URL。

通常情况下我们还需要发送一些数据，它们是以"参数/值"对的形式出现的，以 JSON 风格的字符串作为数据格式。

大多数情况下，我们会对返回的数据进行一些处理，为此还需要把回调函数作为参数。

```
$.get("server.php",
{param1:"value1",param2:"value2"},
Function(data){
    alert("Server responded:"+data);
});
```

下面这段代码实现从指定的网页取得某些文字，图 3-26 为返回的结果。

```
$(document).ready(function(){
    $("button").click(function(){
        $.get("test.asp",function(data,status){
            alert("数据： " + data + "\n 状态： " + status);
        });
    });
});
```

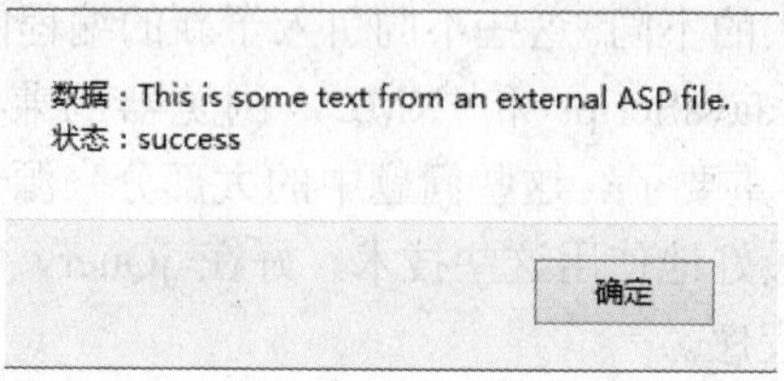

数据：This is some text from an external ASP file.
状态：success

确定

图 3-26　get()返回的结果

post()方法的形式如下：

```
$.post("server.php",
{param1:"value1",param2:"value2"},
Function(data){
    alert("Server responded:"+data);
});
```

提示：如果是从表单字段获取数据，jQuery 还提供了 serialize()方法，能够对表单数据进行序列化：

```
var formdata=$('#form1').serialize();
```

3. ajax()

ajax()方法具有很大的灵活性，几乎可以设置关于 ajax()调用及如何处理响应的各个方面。

下面这个例子，让我们用 jQuery 实现简单的 Ajax 表单提交。

要处理的表单如图 3-27 所示。

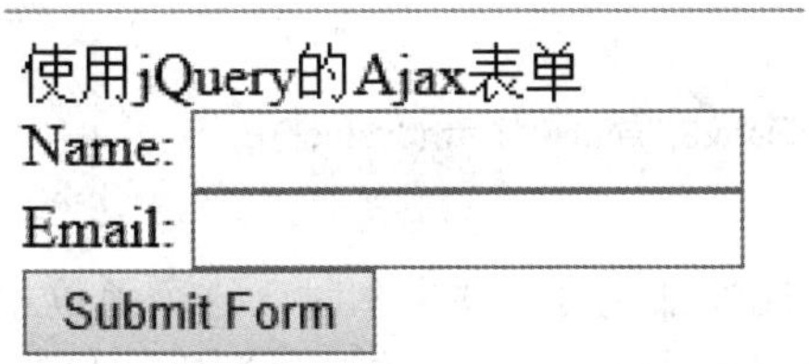

使用jQuery的Ajax表单

Name: _____

Email: _____

[Submit Form]

图 3-27　Ajax 表单

利用 jQuery 实现如下操作：

● 检查并确保两个输入字段都有内容。

● 利用 HTTP POST 通过 Ajax 提交表单。

● 把服务器返回的数据显示在页面的<div>元素里。

程序清单 3-6：jQuery 实现简单的 Ajax 表单

```
1      <!doctype html>
2      <html>
3      <head>
4      <meta charset="utf-8">
5      <title>使用 jQuery 的 Ajax 表单</title>
6      <script src="http://code.jquery.com/jquery-latest.min.js"></script>
7      <script>
8        $(document).ready(function(){
9      function checkFields(){
10            return ($("#name").attr("value")&&$("#email").attr("value"));
11         }$("#form1").submit(function(){
12              if(checkFields){
13                  $.post('test.php',$("#form1").serialize(),
14                  function(data){
15                      $("#div1").html(data);
16                  });
17              }else alert("please fill in name and email fields!");
```

```
18                    return false;
19                    });
2         });
21   </script>
22   </head>
23   <body>
24   <form id="form1">
25   <p> jQuery 实现简单的 Ajax 表单</p>
26   Name<input type="text" name="name" id="name"><br />
27   Email<input type="text" name="email" id="email"><br />
28   <input type="submit" id="submit" value="Submit Form">
29   </form>
30   <div id="div1"></div>
31   </body>
32   </html>
```

为了检查两个输入字段都有内容，第 9～11 行定义使用如下的函数：

```
Function checkFields(){
  return ($("#name").attr("value")&&$("#email").attr("value"));
}
```

当两个输入字段的 value 属性都包含一些文本时，这个函数才会返回 true。只要有任何一个字段是空的，空字段就会被解释为 false，而 false 的逻辑"与"操作的结果一定是 false。

第 12～14 行，利用 jQuery 的 submit()事件处理器检测表单提交动作。如果函数 checkFields() 返回 false，默认操作是取消提交；如果返回 true，jQuery 会对数据进行序列化，并且向服务器脚本发送一个 post()请求。

jQuery 的 serialize()方法可以获取表单信息，进行序列化，满足 Ajax 调用的需要。

在这个范例里，服务器脚本 text.php 并没有什么实际操作，只是把它收到的信息调整一下格式，以 HTML 形式返回：

```
<?php
echo "Name:".$_REQUEST['name']."<br/>Email:".$_REQUEST['email'];
?>
```

最后，用回调函数在页面上显示返回的内容：

```
function(data){
            $("#div1").html(data)
    });
```

3.2 jQuery 应用起步——响应式前端框架

有许多基于 jQuery 的前端框架，它们让我们进行前端开发的时候少了很多麻烦。下面列出的这些都是使用比较多的。

● jQuery UI

jQuery UI 是一套 jQuery 的页面 UI 插件，包含很多种常用的页面空间，例如 Tabs（如本站首页右上角部分）、拉帘效果（本站首页左上角）、对话框、拖放效果、日期选择、颜色选择、数据排序、窗体大小调整等非常多的内容。功能非常全面，界面也挺漂亮，可以整体使用，也可以分开使用其中的几个模块，免费开源！

● Foundation by ZURB

Foundation 被各大网站使用，如 Facebook、Mozilla、Ebay、Yahoo、美国国家地理网站等等。浏览器支持：Chrome、Firefox、Safari、IE9+、iOS、Android、Windows Phone 7，它与众不同的地方在于：对于商务运输、教育培训、咨询等行业来说，Foundation 是一个专业框架。它还提供很多资源让你快速学习。

● Bootstrap

Bootstrap 毫无疑问是现今框架的领导者。它不仅仅流行，每天用户量也在不断增长。你可以相信，这个工具不会让你失望，你也可以单独使用它制作自己的网页。Bootstrap 是由 Twitter 的 Mark Otto 和 Jacob Thornton 开发的。Bootstrap 是 2011 年 8 月在 GitHub 上发布的开源产品。具体内容请参考网站 http://www.bootcss.com/。

在这本书里面，所有的静态网页都是由这个框架开发的。本书在附录中介绍了这个框架，并且引领读者们上手这个框架。所以请读者仔细阅读附录中的内容。

3.2.1 jQuery 框架定制外观

jQuery 开发小组决定提供一个"官方"的 jQuery 插件集合，集中大量流行的用户界面组件，并且赋予它们统一的界面风格。利用这些组件，只用少量的代码就可以建立高度交互且样式迷人的 Web 应用。这就是 jQuery UI。

3.2.2 环境搭建

下面跟大家介绍如何搭建 jQuery UI 环境。

第一步访问 http://jqueryui.com/themeroller/的 jQuery ThemeRoller 在线应用。

使用 ThemeRoller jQuery UI CSS 框架是一组类，满足了相当大范围的用户界面需求。利用 ThemeRoller 工具，我们就可以从无到有建立自己的样式，或是基于 http://jqueryui.com/themeroller/ 提供的大量范例来实现自己的样式。

在确定了样式之后，jQuery UI 会提供一个可下载的构造器，其中包含了我们所需的组件。它还会处理关于文件依赖的问题，避免下载的微件或交互缺少支持文件。我们要做的就是下载和解压这个压缩文件就可以了。

文件解压缩之后，会得到如下的目录结构:

```
/css//development-bundle//js/
```

development-bundle 目录保存了 jQuery UI 源代码、范例和文档。如果不需要修改 jQuery UI 代码，把这个目录删除就可以了。

一般来说，我们需要在使用 jQuery UI 微件和交互的页面里从剩余的其他文件中引用主题以及 jQuery 和 jQuery UI。

```
<link rel="stylesheet"type="text/css" href="css/themename/jquery-ui-1.8.18.custom.css">
<script src="http://code.jquery.com-latest.min.js"></script>
```

```
<script src="http://ajax.googleapis.com/ajax/libs/jqueryui/1.8.17/juquery-ui.min.js"></script>
```
如果使用标准范例的主题，就可以利用 CDN 链接这些文件：
```
<link  rel="stylesheet"type="text/css"  href="http://ajax.googleapis.com/ajax/libs/jqueryui/1.8.16/themes/base/
jquery-ui.css">
<script src="http://code.jquery.com-latest.min.js"></script>
<script src="http://ajax.googleapis.com/ajax/libs/jqueryui/1.8.17/juquery-ui.min.js"></script>
```

3.3 应用全局 UI 样式

3.3.1 概览

jQuery UI 为我们提供了：

- 交互性。jQuery UI 支持对页面元素进行拖放、调整尺寸、选择和排序。
- 微件。这些功能丰富的控件包括可折叠控件、自动完成、按钮、日期拾取器、对话框、进度条、滑动条和选项卡。
- 主题。让站点在全部用户界面组件都具有一致的观感。从 http://jqueryui.com/themeroller/ 上下载 ThemeRoller 工具，它可以从预先设置的很多设计中选择主题，也可以根据现有主题创建定制的主题。

3.3.2 交互

先看看 jQuery UI 能做哪些事情来改善页面元素与用户的交互。

1. 拖与放

UI 功能中，最可爱的功能就是用户能够根据个人喜好拖放页面元素。有很多网站的页面使用了拖放元素。甚至有相关的小页面游戏，如图 3-28 所示，读者可以参见网址：http://tympanus.net/Tutorials/ImageVampUp/ 。

图 3-28　交互游戏网站

使用 jQuery UI 让一个元素能够拖放是再简单不过了。只要加入如下代码。

```
$("#draggable").draggable();
```

程序清单 3-7：拖与放

```
1    <!doctype html>
2    <html>
3    <head>
4    <meta charset="utf-8">
5    <meta charset="utf-8">
6    <link rel="stylesheet" type="text/css" href="jquery/jquery-ui.css"/>
7    <style>
8    #dragdiv{
9    width:100px;
10   height:100px;
11   background-color:#eeffee;
12   border:1px solid black;
13   padding:5px;
14   }
15   </style>
16   <title>拖和拉</title>
17   <script src=" jquery/jquery-latest.min.js"></script>
18   <script src="jquery/jquery-ui.min.js"></script>
19   <script>
20   $(function(){
21   $("#dragdiv").draggable();
22        });
23   </script>
24   </head>
25   <body>
26   <div id="dragdiv">你可以拖着我满地跑哦！</div>
27   </body>
28   </html>
```

当页面加载之后，元素<div id="dragdiv">被设置为可拖动的：

```
$(function(){
$("#dragdiv").draggable();
});
```

用鼠标单击元素，就能在页面上拖动。利用 Query UI 实现元素的拖和放，如图 3-29 所示。

图 3-29　可拖动的元素块

如果想让某个元素能够拖放到另外一个元素上，需要使用 droppable()方法。这个方法可以指定用于多个事件，比如可拖放元素被放下、经过可拖放区域或离开可拖放区域。

现在修改程序代码 3-7，添加一个更大的 div 元素作为拖放区域：

```
<div id="dropdiv">this is the drop zone...</div>
```

除了要让拖放元素成为可拖放的，还需要把这个新 div 指定为可放置区域：

```
$("#dropdiv").droppable();
```

另外，我们给 drop 和 out 事件处理器添加方法，让拖放元素里的文本在它离开放置区域时有相应的变化。

```
$("#dropdiv").droppable({
drop:function(){$("#dragdiv").text(Dropped!);},out::function（）{ $("#dragdiv").text("off 3 and running again ...");}
});
```

程序清单 3-8：利用 Query UI 实现拖放

```
1    <!doctype html>
2    <html>
3    <head>
4    <meta charset="utf-8">
5    <link rel="stylesheet" type="text/css" href="jquery/jquery-ui.css"/>
6    <style>
7    div{
8    font:12px normal arial,helvetica;
9    }
10   #dragdiv{
11   width:150px;
12   height:50px;
13   background-color:#eeffee;
14   border:1px solid black;
15   padding:5px;
16   }
17   #dropdiv{
18   position:absolute;
19   top:80px;
20   Left:100px;
21   Width:300px;
22   Height:200px;
23   Border:1px solid black;
24   Padding:5px;
25   }
26   </style>
27   <title>利用 Query UI 拖放</title>
28   <script src=" jquery/jquery-latest.min.js"></script>
29   <script src="jquery/jquery-ui.min.js"></script>
30   <script>
```

```
31    $(function(){
32        $("#dragdiv").draggable();
33        $("#dropdiv").droppable({
34    drop:function(){$("#dragdiv").text("随便拖动");},
35        out:function(){$("#dragdiv").text("可以随意拖动!");}
36        });
37        });
38    </script>
39    </head>
40    <body>
41    <div id="dropdiv">不动的! </div>
42    <div id="dragdiv">初始化!</div>
43    </body>
44    </html>
```

在浏览器里打开这个页面，如图3-30所示。可以拖放页面元素放置在新的div区域里，还会相应地改变文本内容。如图3-31所示。

图3-30 初始化状态

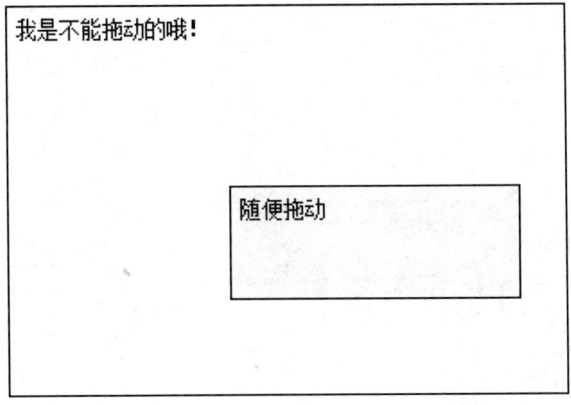

图3-31 拖动到不能拖放的元素里面后的效果

第34、35行使元素在拖放后输出不同的文本，如图3-32所示。

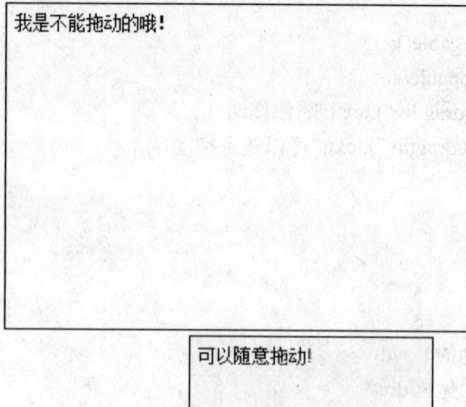

图 3-32 拖动到其他位置后显示的结果

2. 调整大小

使用 jQuery UI 给矩形元素添加调整大小的手柄也是很容易实现的。

```
$("#resizable").resizable();
```

在程序清单 3-8 的基础上，我们修改成可以给元素进行调整大小的程序。

程序清单 3-9：元素添加调整大小

```
1    <!doctype html>
2    <html>
3    <head>
4    <meta charset="utf-8">
5    <link rel="stylesheet" type="text/css" href="jquery/jquery-ui.css"/>
6    <style>
7        div{
8        font:12px normal arial,helvetica;
9        }
10       #dragdiv{
11       width:150px;
12       height:50px;
13       background-color:#eeff66;
14       border:1px solid black;
15       padding:5px;
16       }
17       #dropdiv{
18       position:absolute;
19       top:80px;
20       Left:100px;
21       Width:300px;
22       Height:200px;
23       Border:1px solid black;
24       Padding:5px;
25       }
```

26	</style>
27	<title>利用 Query UI 调整大小</title>
28	<script src="jquery/jquery-latest.min.js"></script>
29	<script src="jquery/jquery-ui.min.js"></script>
30	<script>
31	$(function(){
32	$("#dragdiv").draggable();
33	$("#dropdiv").droppable({
34	drop:function(){$("#dragdiv").text("我来了");},
35	out: function(){$("#dragdiv").text("我跑了");}
36	}).resizable();
37	});
38	</script>
39	</head>
40	<body>
41	<div id="dropdiv">我是能改大小的哦！</div>
42	<div id="dragdiv">我是可以拖的！</div>
43	</body>
44	</html>

第 31 行～第 36 行，我们给程序以命令链形式添加 resizable()方法。程序运行结果如图 3-33～图 3-35 所示。

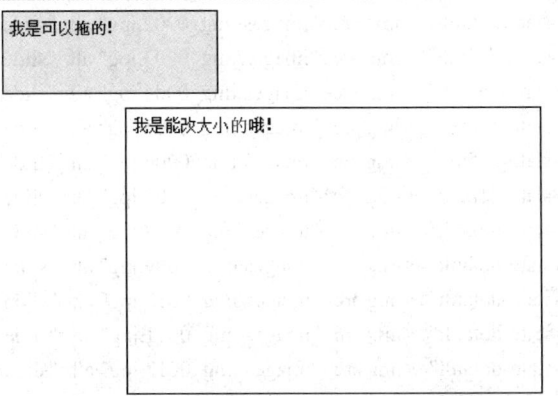

图 3-33　程序清单 3-9 运行的初始状态

图 3-34　拖入其他元素的状态　　　　图 3-35　其他元素调整大小状态

3. 排序

使用 sortable()方法可以把元素添加到列表，并且让列表可以进行排序。

```
$("#sortMe").sortable();
```

下面我们创建一个拼图游戏的页面。这个页面涉及一些图片和排序以及拖放。

程序清单 3-10：可排序元素

```
1    <!DOCTYPE html>
2    <html>
3    <head>
4    <title>拼图吧</title>
5    <meta charset="utf-8">
6    <link rel="stylesheet" href="jquery/jquery-ui.css">
7    <link rel="stylesheet" href="sortable.css">
8    <script src="jquery/jquery.min.js"></script>
9    <script src="jquery/jquery-ui.js"></script>
10   <script src="sortable.js"></script>
11   </head>
12   <body>
13   <h1>拼图吧</h1>
14   <ul id="sortable">
15       <li class="ui-state-default"><img src="images/img_0001.jpg" alt="slide #1"></li>
16       <li class="ui-state-default"><img src="images/img_0002.jpg" alt="slide #2"></li>
17       <li class="ui-state-default"><img src="images/img_0003.jpg" alt="slide #3"></li>
18       <li class="ui-state-default"><img src="images/img_0004.jpg" alt="slide #4"></li>
19       <li class="ui-state-default"><img src="images/img_0005.jpg" alt="slide #5"></li>
20       <li class="ui-state-default"><img src="images/img_0006.jpg" alt="slide #6"></li>
21       <li class="ui-state-default"><img src="images/img_0007.jpg" alt="slide #7"></li>
22       <li class="ui-state-default"><img src="images/img_0008.jpg" alt="slide #8"></li>
23       <li class="ui-state-default"><img src="images/img_0009.jpg" alt="slide #9"></li>
24       <li class="ui-state-default"><img src="images/img_0010.jpg" alt="slide #10"></li>
25       <li class="ui-state-default"><img src="images/img_0011.jpg" alt="slide #11"></li>
26       <li class="ui-state-default"><img src="images/img_0012.jpg" alt="slide #12"></li>
27   </ul>
28   </body>
29</html>
```

第 14 行～第 27 行建立一个无序列表，它包含了我们需要的所有图片。如果再需要多一点图片，可以继续在后面添加：

```
<li class="ui-state-default"><img src="images/img_00XX.jpg" alt="slide #XX"></li>
```

如果仅仅是这样的 HTML 页面，我们看到的会是图 3-36 所示的样子。

为该页面添加上 CSS 样式，待排序的列表项都在 id 值为 Sortable 的 div 元素中，这个 div 包含了页面的主要布局。

```
#sortable {
    list-style-type: none;
    margin: 0;
```

```
        padding: 0;
        width: 820px;
}
```

图3-36　拼图页面的初始效果

从图中我们也可以看出，列表项前面还有圆点，而且，每一个表项没有外边距和内边距。因此需要进行设置。同时，要设置列表项左浮动，以便与周围的其他列表项紧密相邻。

```
#sortable li {
        margin: 3px;
        padding: 3px;
        float: left;
}
```

为了使每一张图片的大小固定，浏览器按照下面定义的图片尺寸渲染对应的切片图。

```
#sortable li img {
        width: 256px;
        height: 192px;
}
```

最后是我们需要的 JS 文件。

程序清单 3-11：可排序元素的 JS 文件

```
1        $(function() {
2                $("#sortable").sortable().disableSelection();
3        });
```

是不是非常简单?代码就只有这么多。以上所有的功能就只要一行 jQuery 的代码实现。通过它，用户可以对 id 值为 Sortable 的 div 元素进行排序，也就是拼图。同时，disableSelection()

方法的使用，避免了用户在排序的过程中选中列表项。

程序运行后的结果如图 3-37 和图 3-38 所示。

拼图吧

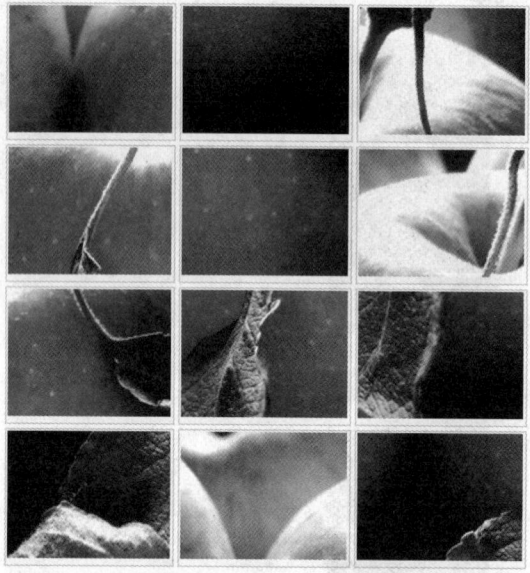

图 3-37　拼图游戏初始运行结果

拼图吧

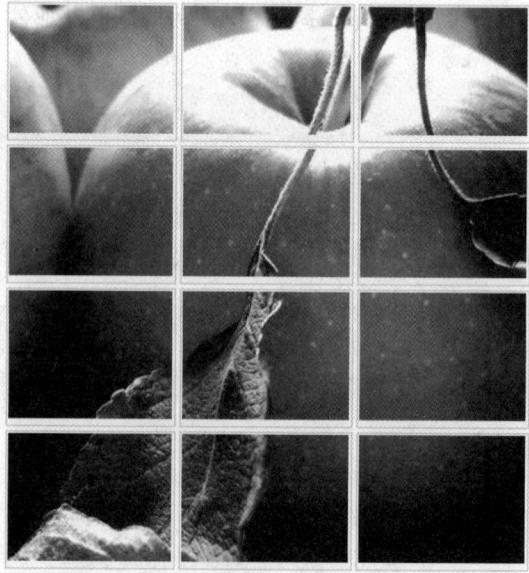

图 3-38　拼图游戏完成

请打开本书素材 code\3\sortable.html 了解具体的情况。

3.3.3 使用微件

微件（Widget），主要是一些界面的扩展，里边包括了手风琴导航（Accordion）、自动完成（Autocomplete）、取色器（Colorpicker）、对话框（Dialog）、滑块（Slider）、标签（Tabs）、日历（Datepicker）、放大镜（Magnifier）、进度条（Progressbar）和微调控制器（Spinner）等。在 1.7 版本中有历史（History）、布局（Layout）、栅格（Grid）和菜单（Menu）等等。在 1.8 以后的版本中还有工具提示（Tooltips）、树（Tree）、工具栏（Toolbar）、上传组件（Uploader）等。微件需要一个 jQuery UI 核心库 ui.core.js 的支持。

1. 可折叠控件

可折叠控件让用户在一组 div 元素里可以一次只展开一个，而其他的保持在只显示标题的状态。

在语义层添加数据的方法是使用多个标题和内容窗格：

```
<div id="accordion">
<h3><a href="#">first header</a></h3>
<div>first content</div>
<h3><a href="#">second header</a></h3>
<div>second content</div>
</div>
```

然后在外层容器元素上调用 accordion()方法来激活折叠控件：

```
$(function(){
    $("#accordion").accordion();
});
```

程序清单 3-12：使用可折叠控件

```
1    <!DOCTYPE html>
2    <html>
3    <head>
4    <meta charset="utf-8">
5    <title>Accordion Menus</title>
6    <link rel="stylesheet" href="jquery/jquery-ui.css">
7    <link rel="stylesheet" href=" AccordionMenus.css">
8    <script src="jquery/jquery.min.js"></script>
9    <script src="jquery/jquery-ui.js"></script>
10   <script src=" AccordionMenus.js"></script>
11   </head>
12   <body>
13   <h1>苹果君的折叠面板</h1>
14   <div id="tabs">
15       <ul id="theMenu">
17           <li><a href="#" class="menuLink">主页</a>
18               <ul>
19                   <li><a href="#">第一步</a></li>
20                   <li><a href="#">第二步</a></li>
```

```
21                              <li><a href="#">第三步</a></li>
22                              <li><a href="#">第四步</a></li>
23                          </ul>
24                      </li>
25                  <li><a href="#" class="menuLink">个人页</a>
26                      <ul>
27                          <li><a href="#">苹果君的主页</a></li>
28                          <li><a href="#">二次元宅男的主页</a></li>
29                          <li><a href="#">肚肚的主页</a></li>
30                      </ul>
31                  </li>
32                  <li><a href="#" class="menuLink">足迹</a>
33                      <ul>
34                          <li><a href="#">第一章</a></li>
35                          <li><a href="#">第二章</a></li>
36                      </ul>
37                  </li>
38              </ul>
39      </div>
40      <p> </p>
41      </body>
42      </html>
```

第 14～39 行通过大纲创建一个菜单。并用无序列表项构造每个菜单的内容。这个菜单如果不采用 jQuery 而直接用 CSS 写会增加很多代码。而通过 jQuery 会非常简洁。运行上面的代码，我们得到如图 3-39 所示的结果。

图 3-39　程序清单 3-12 运行结果

图中可以看出，它已经带了很漂亮的效果，咖色的边框、圆角矩形和边距，这些都归功于 jQueryUI。但是这显然不是我们要的最终结果。折叠面板太宽了。我们需要对它做一些修饰。

```
#theMenu {
    width: 200px;

}
```

在 AccordionMenus.css 页面里面写入如上所示代码,使折叠框的宽度变为 200px。如图 3-40 所示。

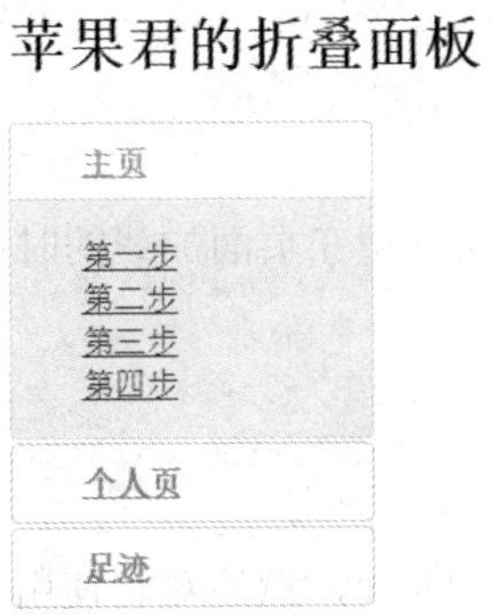

苹果君的折叠面板

图 3-40　折叠框的宽度变为 200px 后的效果

菜单项文字下面的下划线非常影响美观,下面的代码将去掉它,并且把链接变成块级,增加左内边距,效果如图 3-41 所示。

```
#theMenu {
    width: 200px;
}
ul li a.menuLink {
    display: block;
    padding-left: 30px;
    }
a{
    text-decoration:none;
    }
```

苹果君的折叠面板

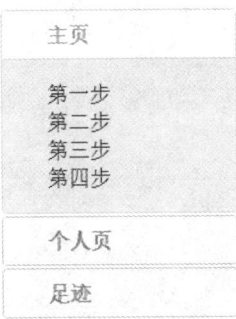

图 3-41　去掉下划线后的效果

最后来看一下可折叠控件的 JS 文件。

程序清单 3-13:使用可折叠控件 JS

```
1    $(document).ready(function() {
```

```
2        $("#theMenu").accordion({
3              animated: false,
4              autoHeight: false,
5              header: ".menuLink"
6        });
7    });
```

第 1 行，与以前的代码一样，如果希望在页面加载的时候就马上运行某些代码，就要把代码放在：

```
$(document).ready(function() {
```

这个函数中。

第 2 行，获得顶层的 ul 的 id，theMenu，然后对它使用 accordion()方法。

第 3 行，animated:如果希望在显示菜单项时有动画效果，那么就把它设置成"slide"等所需的动画效果的名字。

第 4 行，autoHeight：硬性规定折叠面板具有固定的总高度，这里设置成 false，就可以随内容的增加而增加高度。

第 5 行，header:jQuery 通过它标识每个菜单的标题。在这里，因为每一个类的名字都叫 class="menuLink"，所以单击一个标题就会打开新的子菜单，并且关闭已经打开的其他子菜单。

除了上面的设置项外，accordion()还有如下的选项：

● active，初始化时，展开的项。

如果在上述代码中再加入代码：

```
active: 3,
```

那么折叠面板的初始状态是关闭的，如图 3-42 所示。

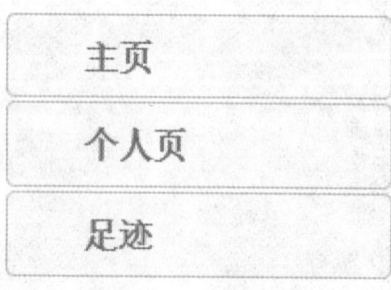

图 3-42   折叠面板的初始状态是关闭的

● event，切换选项卡的事件，默认为 click（mouseover，鼠标滑过切换）。

● alwaysOpen，保证有一个选项是展开的。默认为 true。

● clearStyle，折叠面板后自动清除 height 和 overflow 样式。

● fillSpace，充满容器的高度，此时 autoHeight 无效。

详细的代码请参见本书素材 3\AccordionMenus.html。

2. 日期拾取器

由于日常使用的日期格式比较多,让用户以正确格式在字段里填写日期一直是件麻烦的事情。

日期拾取器是一种弹出式日历,用户只需要单击相应的日期,控件就会以设置好的格式把日期填写到相应的字段里。

假设下面这个字段是要输入日期的:

```
<input type="text" id="datepicker">
```

只需一行代码就可以给这个字段添加日期拾取器:

```
$("#datepicker").datepicker();
```

程序清单 3-14:使用日期拾取器

```
1   <!DOCTYPE html>
2   <html>
3   <head>
4   <link rel="stylesheet" type="text/css" href="jquery/jquery-ui.css"/>
5   <title>date picker</title>
6   <script src="jquery/jquery-latest.min.js"></script>
7   <script src="jquery/jquery-ui.min.js"></script>
8   <script >
9   $(function(){
10  $("#datepicker").datepicker();
11  });
12  </script>
13  </head>
14  <body>
15  Date:<input type="text" id="datepicker">
16  </body>
17  </html>
```

程序运行后的效果如图 3-43 所示。

图 3-43 日期拾取器

3. 双联日历

当我们外出旅游的时候，会安排起始和结束日期，这时候我们就需要用到双联日历。如图 3-44 所示。

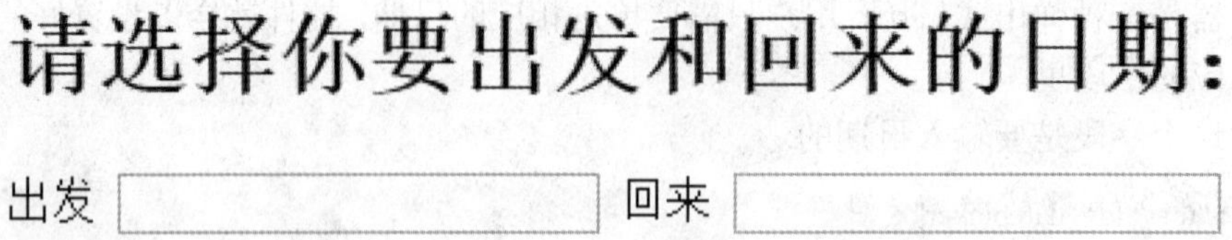

请选择你要出发和回来的日期：

出发 [　　　　　　　　] 回来 [　　　　　　　　]

图 3-44　双联日历

程序清单 3-15：双联日历

```
1    <!DOCTYPE html>
2    <html>
3    <head>
4        <title>jQuery Date Picker: 2 up</title>
5      <meta charset="utf-8">
6      <link rel="stylesheet" href="jquery/jquery-ui.css">
7      <script src="jquery/jquery.js"></script>
8      <script src="jquery/jquery-ui.js"></script>
9      <script src=" DatePicker2.js"></script>
10     </head>
11     <body>
12     <h1>请选择你要出发和回来的日期：</h1>
13         <label for="from">出发</label>
14         <input type="text" id="from" name="from">
15         <label for="to">回来</label>
16         <input type="text" id="to" name="to">
17     </body>
18     </html>
```

第 13～16 行的元素，会分别绑定一个日期控件。

在 datepicker 控件的其他双联形式中，页面会先显示两个日期字段，用 Tab 键或者单击第一个日期字段时，页面会显示一个双日历 datepicker，如图 3-45 所示。

图 3-45　双联日历单击后

它的 JS 文件如下所示。

程序清单 3-16　双联日历 JS 文件

```
1    $(function() {
2        var dates = $("#from, #to").datepicker({
3            defaultDate: "+1w",
4            numberOfMonths: 2,
5            onSelect: function(selectedDate) {
6                var option = (this.id == "from") ? "minDate" : "maxDate",
7                date = $.datepicker.parseDate($.datepicker._defaults.dateFormat, selectedDate);
8                dates.not(this).datepicker("option", option, date);
9            }
10       });
11   });
```

第 2 行，datepicker 对象绑定到#from, #to 两个元素上。

第 3 行，设置默认的开始日期为下周的今天。

第 5 行，在日期被选中的时候，同时做一些事情。

第 6 行，这里指出了当前所用的日历，并将结果存在 option 变量里。

```
var option = (this.id == "from") ? "minDate" : "maxDate"
```

如果 this.id 的值为 from，option 变量的值就会被设置成 minDate，否则，如果 this.id 的值为 to，option 变量的值就会被设置成 maxDate。

第 7 行，将它的结果保留在 dates 变量中。

```
date = $.datepicker.parseDate($.datepicker._defaults.dateFormat, selectedDate);
```

selectedDate 值的格式不是我们所需要的格式，因此使用 parseDate()函数来转换日期格式，并把结果存在 date 里。

第 8 行，我们用上一行赋值过的 option 变量和 date 变量来辅助设置可选范围的开始日期 minDate 和结束日期 maxDate，如图 3-46 所示。

请选择你要出发和回来的日期：

图 3-46　选中出发日期后

图中可以看出选中日期之前的日期都会变灰色失效。

请选择你要出发和回来的日期：

图 3-47　两个日期都选中后

从图 3-47 中可以看出，两个日期都选中后，就会高亮显示。值也会存在 minDate 和 maxDate 里面。

4．选项卡

选项卡界面是页面的基本功能。有很多不同样式的选项卡，比如 jQuery 的官网导航。如图 3-48 所示。

图 3-48　jQuery 官网导航

下面的程序说明如何使用它。

程序清单 3-17：使用选项卡界面

```
1   <!doctype html>
```

```
2   <html>
3   <head>
4   <meta charset="utf-8">
5   <link rel="stylesheet" type="text/css" href="jquery/jquery-ui.css">
6   <title>选项卡界面</title>
7   <script src="http://code.jquery.com/jquery-latest.min.js"></script>
8   <script src="jquery/jquery-ui.min.js"></script>
9   <script>
10   $(function(){
11    $("#tabs").tabs();
12    });
13   </script>
14   </head>
15   <body>
16   <div id="tabs">
17   <ul>
18    <li><a href="#tabs-1">可爱的动物们</a></li>
19    <li><a href="#tabs-2">那些吃的</a></li>
20    <li><a href="#tabs-3">寂寥</a></li>21   </ul>
22   <div id="tabs-1">
23    <img src="image/animal1.jpg">
24    <img src="image/animal2.jpg">
25    </div>
26    <div id="tabs-2">
27    <img src="image/cookie.jpg">
28    <img src="image/zhongzi.jpg">
29    </div>
30    <div id="tabs-3">
31    <img src="image/sky.jpg">
32    <img src="image/unknow.jpg">31   </div>
33   </body>
34   </html>
```

第 17~20 行，选项卡位于一个无序列表内，每个选项卡的标题位于一个锚点元素里，其 href 指向包含窗格内容的 div：

```
<div id="tabs-1">
</div>
```

第 22~25 行，这些内容都位于一个 div 容器里，其 id 为 tabs。

第 10~12 行，为了激活这个选项卡界面，我们要做的就是对这个容器元素调用 tabs() 方法：

```
$("#tabs").tabs();
```

程序运行的结果如图 3-49 和图 3-50 所示。

图 3-49　程序运行的结果——寂寥选项卡

图 3-50　程序运行的结果——可爱的动物们选项卡

实践练习：组合动画和淡入淡出的程序

实验目的：
组合动画函数和淡入淡出元素方法。

实验基础要求:

animate(),fadeout()、fadeIn()函数。

实验内容与步骤:

程序开始状态如图 3-51 所示。

图 3-51 开始状态图

单击"动画"按钮后,淡出效果如图 3-52 所示。

图 3-52 淡出后的结果

制作提示:

1. 新建一个 Html 文档,在其中加入 jQuery 代码:

```
$(".btn1").click(function(){
    $("#box").animate({height:"300px",margin:"0px"}
    ,1500,function(){
        $(this).fadeOut("slow");})

});
$(".btn2").click(function(){
    $("#box").animate({height:"200px",margin:"30px"},500,function(){
        $(this).fadeIn("slow");});
});
```

2．加入页面按钮元素

```
<button class="btn1">动画</button>
<button class="btn2">恢复</button>
```

3．设置 CSS 样式如下

```
#box{
    background-color:#0CF;
    height:200px;
    width:200px;
    margin:30px;
    }
```

第4章

动态网页基础

一个网站达到互动效果，不是让网页充满动画、视频、音乐，而是在浏览网页的用户对网页提出请求时能够及时响应结果。而这样的效果，大多必须搭配数据库使用。让网页读出存储在数据库中的数据，显示在网页上。每个浏览者对相同的网页提出不同请求，显示结果也不同，这才是真正的动态网页。

4.1 数据库的原理

PHP 可以连接各种数据库，在我们这个开发环境中，我们为 PHP 搭配的数据库是 MySQL，在使用数据库之前，必须对数据库的构造及运行方式有个概念，才能在制作动态网页的时候不会迷失方向。

数据库（Database，DB）是长期储存在计算机内、有组织的、可共享的大量数据的集合，我们可以用一定的原则与方法添加、删除、编辑数据的内容，进而搜索、比较、分析所有数据，获得可用的信息，产生结果。在开始编写一个应用程序的代码时，需要花大量的时间来设计你的数据库，优化数据之间的关系。应该把数据库的关系和性能看作是规范化的一部分。

例如，我们有一张学生选课表，里面存放着 40 位学生姓名与课程名字，假设这门课程叫《高等代数》，那么现在，教授这门课程的老师想把课程名字改成《高等数学 1》，我们必须修改 40 条记录，才能把所有学生选课的课程名字改对。如果我们在设计的时候，单独为课程名设计一张表，里面只有课程 ID 和课程名，再在学生选课表里，存放课程 ID 和学生姓名，那么，我们只要修改 1 条记录而不是 40 条。

从上面的例子可以看出，我们前期工作做得越好，后期所要做得就越少。在下面的部分中，学习一些关系和规范。

4.1.1 表的关系类型

表的关系具有以下几种形式：

● 一对一关系；
● 一对多关系；
● 多对多关系。

下面我们用一个学生选课数据库来详细介绍每一种关系。假设要建立一个学生和课程的数据库，里面包含学生信息、课程信息、学生选课信息等。根据这些信息来看各种关系的含义。

1. 一对一关系

在一对一关系中，一个键只能在一个关系表中出现一次，假设学校给每个学生一台电脑，当然实际上不能出现，只是个假设。那么学生和电脑之间就是一对一关系，一个学生只能有一个电脑，而一个电脑也只对应一个学生，如图4-1所示。

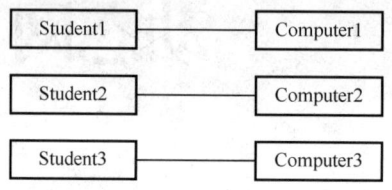

图4-1　每个学生分配一台电脑

数据库中的表 Computer 和 Student 如图4-2所示，表示了它们一对一的关系。

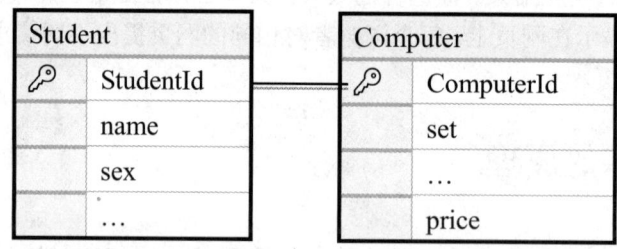

图4-2　学生电脑表

3. 一对多关系

在一对多关系中，一个表中的键在一个相关的表中出现多次。比如学生和班级，一个班级有好多学生，另外一个例子是在一个地址数据库中，一个学生只能来源于一个地方，而一个地方有好多学生，如图4-3所示。

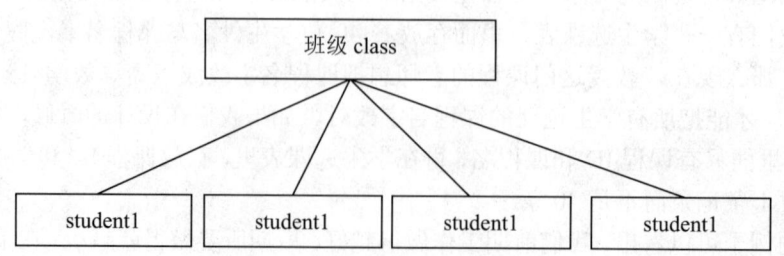

图4-3　每个班级有很多学生

3. 多对多关系

在多对多关系中，一个表的键可以在一个相关的表中出现很多次。比如学生选课表，一门课有许多学生选，一个学生也可以选择多门课。通常这个关系会在规范化数据库的实际例子中被分解为一系列的一对多关系，如图 4-4 所示。

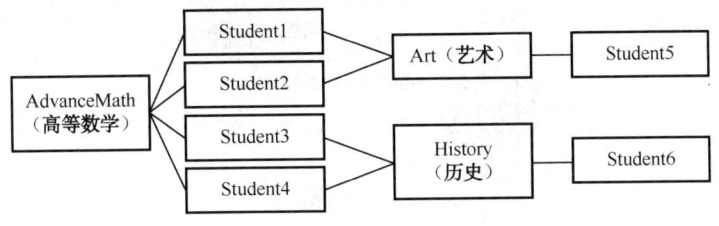

图 4-4 学生和课程

这种关系不能用一种简单的相关表的方法表示，从图 4-5 中我们可以看到，它们好像是不相关的。

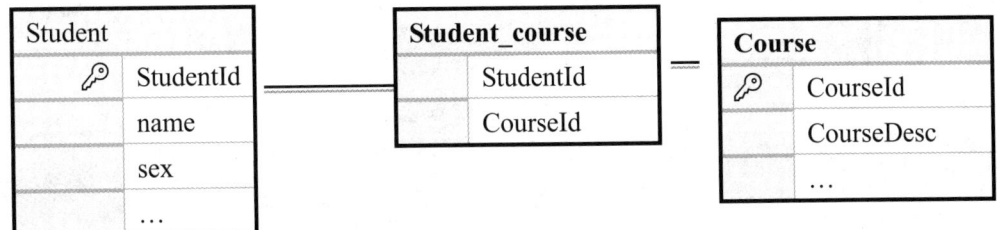

图 4-5 学生和课程表

我们创建了一个中间表，Student_course 表，这个表位于两个表之间，然后我们就可以构建一个如图 4-6 所示的一对一关系。

图 4-6 学生和课程关联表

4.1.2 在 MySQL 中建立数据库表

本书采用 phpMyAdmin 管理程序运行，这样能更简易地使用操作环境，让初学者可以轻松入门，如果是资深的数据库管理员，可以用命令窗口方式，更加简便。

1. 进入 phpMyAdmin

单击 Wamp，进入到 phpMyAdmin 中，如图 4-7 所示。

2. 建立数据库

我们先输入 WK 数据库名，然后选择 utf8_unicode_ci，单击"创建"按钮，如图 4-8 所示。

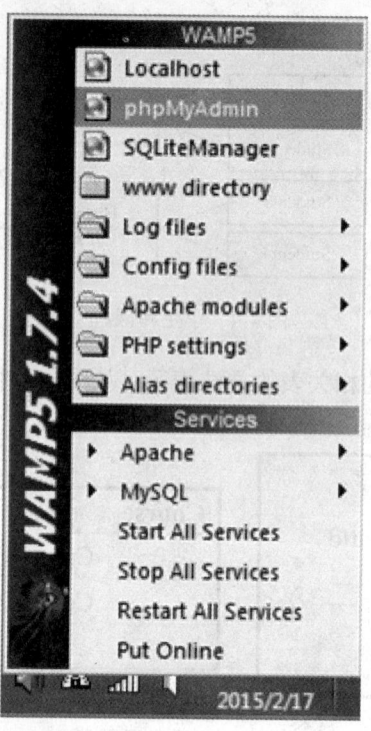

图 4-7   进入 phpMyAdmin

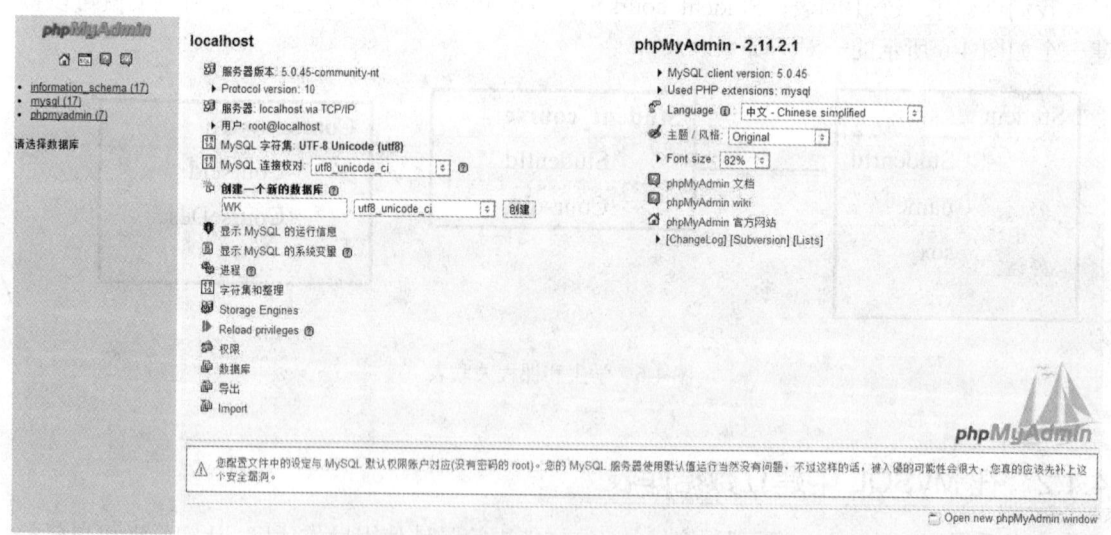

图 4-8   建立 WK 数据库

3. 创建表

在 WK 数据库中输入第一个表名 student，6 个字段，然后单击"执行"按钮，如图 4-9 所示。

在表中依次设置每个字段的属性，最后单击"保存"按钮，下面是建立的 student 表，如图 4-10 所示。

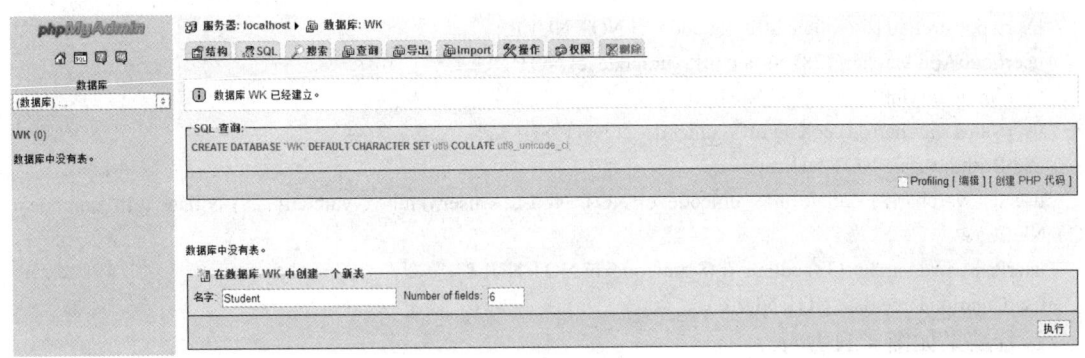

图 4-9　建立 student 表

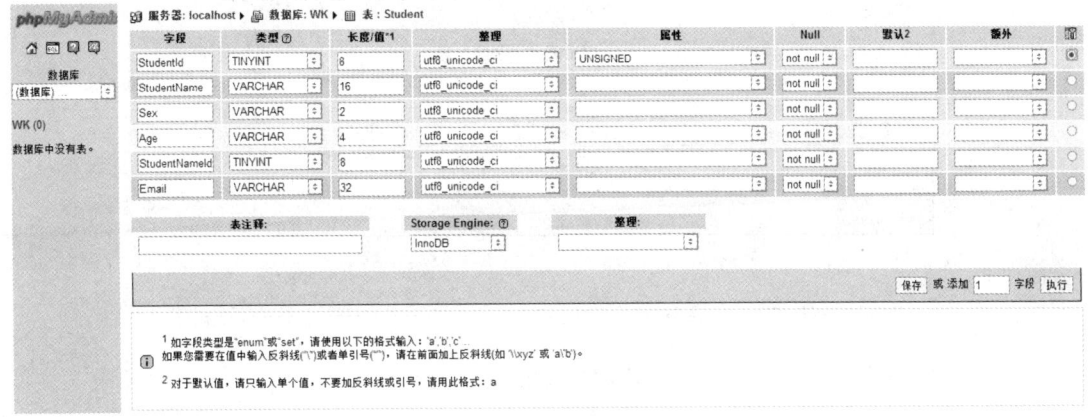

图 4-10　student 表

4.2　SQL 基本命令

本节中我们介绍核心 SQL 语法的初步知识，并使用它创建和操作数据库表。它将展示很多元素的操作示例，在今后的工作中将用到这些元素。

4.2.1　使用 CREATE DATABASE 命令创建表

1.　创建表的一般语法

CREAT TABLE table_name(column_name column_type)；

可以看出表创建命令需要表的名字、字段的名字和每个字段的定义。表名取决于读者自己，但是需要能反应表的用途和名字。例如，如果你有一个表用来存储用户的信息。不能把表命名为 u，而应该把它命名为 user。同样，我们的字段名也应该精炼，比如用户名字用 userName，或者 user_name，而不是 n。

2.　实例 4-1：创建用户表

CREATE TABLE　user　(

userId　tinyint(8) unsigned NOT NULL PRIMARY KEY auto_increment,

```
    usertype varchar(16) collate utf8_unicode_ci NOT NULL,
    userLogoAdd varchar(128) collate utf8_unicode_ci NOT NULL,
    userGrade tinyint(8) unsigned NOT NULL,
    userName varchar(64) collate utf8_unicode_ci NOT NULL,
    userBirthday date NOT NULL,
    usersex varchar(2) collate utf8_unicode_ci NOT NULL,  userMailbox varchar(128) collate utf8_unicode_ci
NOT NULL,
    userPassword varchar(32) collate utf8_unicode_ci NOT NULL,
    userCreationTime date NOT NULL) ;
```

运行结果如图 4-11 所示。

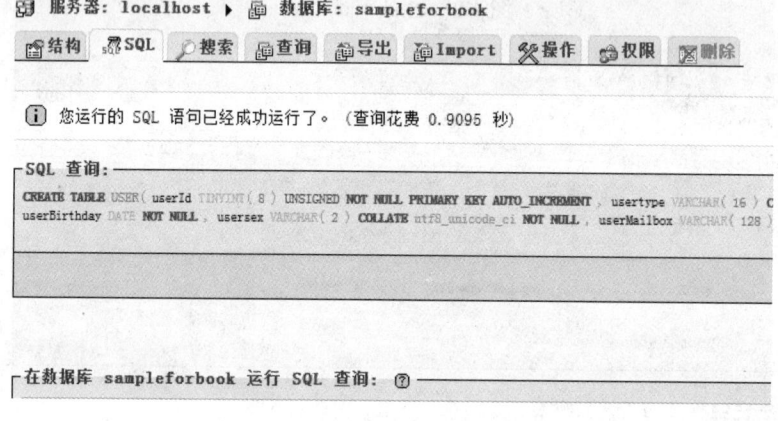

图 4-11　建表成功

4.2.2　使用 INSERT 命令

1. INSERT 的一般语法

```
INSERT INTO table_name (column liset) VALUES （colunm values）;
```

在括号中的值列表(column liset)中，必须使用引号括起字符串。SQL 标准是单引号，但是
MySQL 允许使用单引号或者双引号。如果引号在字符串本身之中，要进行转义。

除了表的名字，INSERT 语句中还有两个重要的部分 *column liset*、*colunm values*，即列列
表和值列表。只有值列表是必须的，但是，如果省略了列列表，必须严格按照对应的顺序在值
列表中为这些列指定值。

以 user 表为例，我们有以下几个字段：*UserId* ，*Usertype, UserLogoAdd*，*UserGrade*，
UserName，*UserBirthday*，*Usersex, UserMailbox*，*UserPassword*，*UserCreationTime*。要插入
一条完整的记录，可以使用下面两种方式。

2. 实例 4-2：未省略 column liset 值

```
INSERT  INTO  user  (UserId,Usertype,  UserLogoAdd,UserGrade,UserName,UserBirthday,Usersex,  UserMailbox,
UserPassword,UserCreationTime )
    VALUES('1','maijia','c:\wamp\01.bmp','0','CXY','1995-3-3','ma','caoxiyue@126.com', '11111111', '2014-11-10');
```

运行后得的结果如图 4-12 所示。

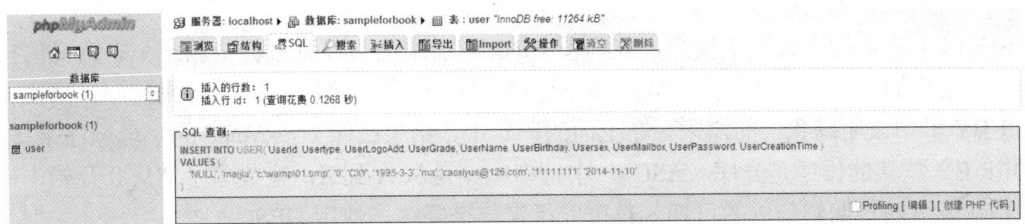

图4-12 插入成功

3. 实例4-3：已省略 *column liset* 值

INSERT INTO user VALUES('maijia','c:\wamp\01.bmp','0','CXY','1995-3-3','ma', 'caoxiyue@126.com', '11111111','2014-11-10');

由于 ID 是一个自增的整数，我们不用将其放入到值列表中。然后必须把后续所有的其他列都列出。实例4-3展示了如何让 ID 自增的一种方法。

我们也可以按照实例4-4的方式，让 MySQL 通过自增添加 ID 字段。

4. 实例4-4：ID 自增

INSERT INTO user VALUES('Null','maijia','c:\wamp\01.bmp','0','CXY','1995-3-3','ma', 'caoxiyue@126.com', '11111111','2014-11-10');

使用所有的列，但是不给出列名，并且对 ID 使用一个 NULL 值，MySQL 可以自动填入值，如图4-13所示。

图4-13 ID 自增插入结果

4.2.3 使用 SELECT 命令

1. SELECT 的语法如下

```
SELECT      expressions_and_columns FROM table_name
[WHERE              ]
[ORDER               ]
[ LIMIT offset,rows]
```

SELECT 是用来从表中获取数据的命令。这条命令的语法可以非常简单，也可以非常复杂，取决于你所需要选择的字段，你是否从多个表中选取，以及你计划施加什么条件。扩展学习 SELECT 语句，对今后的工作有很多好处，把尽可能多的事情交给数据库去做，而不是让编程语言去做。

2. 实例4-5：没有使用 WHERE、 ORDER、 LIMIT 语句如下

```
SELECT * FROM user;
SELECT UserId, UserName ,   UserBirthday , Usersex   FROM user;
```

3. 实例4-6：使用 ORDER 语句如下

```
SELECT * FROM user     ORDER by UserName ;
```

SELECT 查询的结果默认按照插入到表中的顺序来排序，并且不会依赖一个有意义的排序系统。如果我们想按照一种特定方式对结果排序，比如按照日期、ID、等等来排序，需要使用 ORER BY 子句来明确我们的需求。在上面的语句中，结果按照 *UserName* 的字母顺序来排序，ORDER BY 默认的排序是升序（ASC），字符串顺序是从 A 到 Z，整数顺序是从 0 开始，日期顺序是从最早的日期到最近的日期。也可以指定一个降序，使用 DESC。

4. 实例 4-7：使用 ORDER、LIMIT 语句如下

SELECT * FROM user   ORDER BY UserName   LIMIT 2,10;

结果如图 4-14 所示。

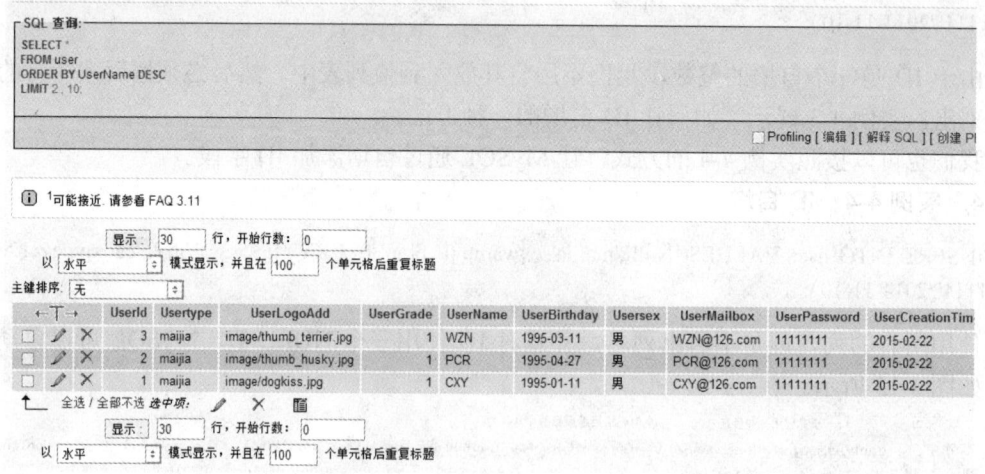

图 4-14　实例 4-7 结果

LIMIT 子句从 SELECT 查询结果中返回一定数目的记录。使用 LIMIT 的时候可以有两个参数：偏移量和行数。偏移量是起始位置，而行数应该是自说明的。

在上面的语句中，2 是 Offset，也就是偏移量，10 是行数，结果会从第 2 个结果开始，显示 10 行。

在基于 Web 的应用程序中，当数据的列表通过一个"前 10 条"和"后 10 条"之类的链接来显示的时候，这很可能就需要使用 LIMIT 子句。

5. 在查询中使用 WHERE

上面已经学习了很多方法来从表中获取特定的列，但还没有获取指定的行，而这正是 WHERE 子句的用武之地。从 SELECT 语法的例子中，我们看到了 WHERE 用来指定一个特定的条件。比如：

实例 4-8：从 user 表中找出一个名字叫 CXY 的人

SELECT * FROM user   WHERE UserName ='CXY';

如上例所示，在 WHERE 子句中使用了相等操作符（=）来确定一个条件的真，也就是一个事物是否等于另一个事物。我们可以使用多种操作符,常用类型如比较操作符和逻辑操作符。表 4-1 列出了比较操作符及它们的含义。

表 4-1　比较操作符及其含义

操　作　符	描　　述
=	等于
<>	不等于，有些地方也写作!=
>	大于
<	小于
>=	大于等于
<=	小于等于
BETWEEN	在某个范围内
LIKE	搜索某种模式

实例 4-9：其他操作符如下

SELECT * FROM user　WHERE UserGrade　>3;

结果如图 4-15 所示。

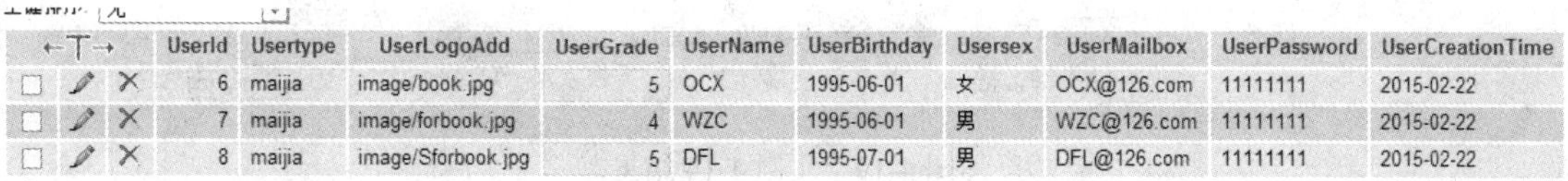

		UserId	Usertype	UserLogoAdd	UserGrade	UserName	UserBirthday	Usersex	UserMailbox	UserPassword	UserCreationTime
✎ ✕		6	maijia	image/book.jpg	5	OCX	1995-06-01	女	OCX@126.com	11111111	2015-02-22
✎ ✕		7	maijia	image/forbook.jpg	4	WZC	1995-06-01	男	WZC@126.com	11111111	2015-02-22
✎ ✕		8	maijia	image/Sforbook.jpg	5	DFL	1995-07-01	男	DFL@126.com	11111111	2015-02-22

图 4-15　实例 4-9 结果

实例 4-10：使用 BETWEEN　AND 语句如下

SELECT * FROM user　WHERE UserGrade　BETWEEN 3　AND 6;

结果如图 4-16 所示。

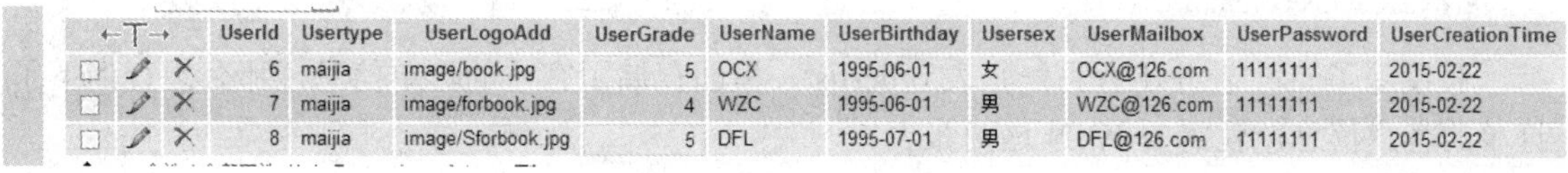

		UserId	Usertype	UserLogoAdd	UserGrade	UserName	UserBirthday	Usersex	UserMailbox	UserPassword	UserCreationTime
✎ ✕		6	maijia	image/book.jpg	5	OCX	1995-06-01	女	OCX@126.com	11111111	2015-02-22
✎ ✕		7	maijia	image/forbook.jpg	4	WZC	1995-06-01	男	WZC@126.com	11111111	2015-02-22
✎ ✕		8	maijia	image/Sforbook.jpg	5	DFL	1995-07-01	男	DFL@126.com	11111111	2015-02-22

图 4-16　实例 4-10 结果

实例 4-11：查询中使用多个表如下

SELECT * FROM user,orderlist;

6. 使用 LIKE 比较字符串

还有一种有用的操作符可以用来在 WHERE 子句中比较字符串，这就是 LIKE 操作符。这个操作符在匹配中可以使用如下两个字符作为通配符。

%——匹配多个字符；

_——匹配一个字符。

实例 4-12：使用 LIKE 比较字符串

SELECT * FROM user　WHERE UserName　LIKE 'XY';

结果如图 4-17 所示。

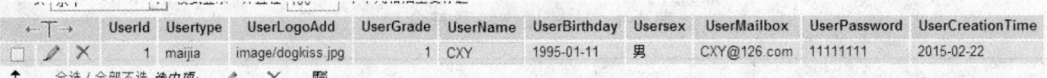

图 4-17 实例 4-12 结果

实例 4-13："%" 匹配多个字符

SELECT * FROM user   WHERE UserName   LIKE 'C%';

结果如图 4-18 所示。

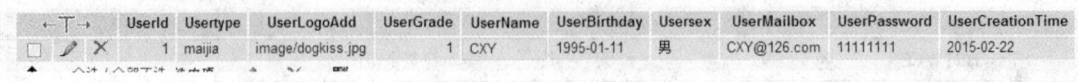

图 4-18 实例 4-13 结果

实例 4-14："_" 匹配一个字符

结果如图 4-19 所示。

SELECT * FROM user   WHERE UserName   LIKE '_CR';

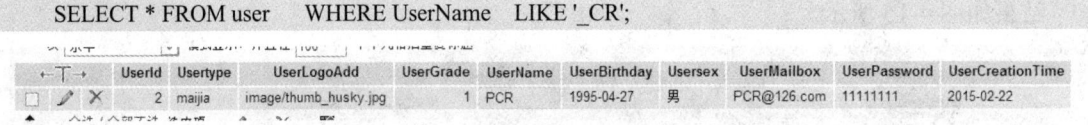

图 4-19 实例 4-14 结果

4.2.4 使用 JOIN 命令

JOIN 用于根据两个或多个表中的列之间的关系，从这些表中查询数据，命令语法如下：

SELECT   expressions_and_columns FROM table_name
INNER JOIN columns ON

假设除了 user 表外还有另一张表 orderlist，里面存储了客户的订单信息，那么想查询下了订单的客户信息，就需要 JOIN 这两张表。

实例 4-15：使用订单表如下

SELECT * FROM user **JOIN**   orderlist   **ON** user.userId=orderlist.orderId;

结果如图 4-20 所示。

图 4-20 实例 4-15 结果

在 MySQL 中，有几种类型的 JOIN 可供使用，所有的这些涉及表组合到一起的顺序以及结果显示的顺序。与 user 表和 orderlist 表一起使用的 JOIN 叫做 INNER JOIN，尽管不必显式地这样写。要使用正确的 INNER JOIN 语法来重新编写上述 SQL 语句：

SELECT * FROM user **INNER JOIN** orderlist ON user.userId=orderlist.orderId;

ON 子句代替了前面所见到的 WHERE 子句，在这个例子中，它告诉 MySQL 把表中与 *userId* 相匹配的行连接起来。当使用 ON 子句连接表的时候，可以使用能够在 WHERE 子句中使用的任何条件，包括所有各种逻辑操作符和算术操作符。

另一种常见的 JOIN 类型是 LEFT JOIN，即使右表中没有匹配，也从左表返回所有的行。假设一个通讯录中有两个表，一个叫做 master，包含基本联系人记录，一个叫做 Email，包括联系人 Email 记录。首先看看这两个表的内容，如图 4-21 和图 4-22 所示。

EmailId	MasterId	DateAdded	DateModified	Email	EmailType
2	2	2014-11-02	2014-11-02	email_2@abc.com	WORK
3	3	2014-11-03	2014-11-03	email_3@abc.com	WORK
6	6	2016-11-06	2016-11-06	email_6@abc.com	WORK
9	9	2019-11-09	2019-11-09	email_9@abc.com	WORK
10	10	2014-11-28	2014-11-28	wxj@wzu.edu.cn	home
11	3	2014-12-11	2014-12-11	XBJ2@126.com	other
12	3	2014-12-11	2014-12-11	XBJ2@126.com	home
13	1	2015-02-22	2015-02-22	mailqq@126.com	WORK

图 4-21 email 表内容

MasterId	DateAdded	DateModified	TName	NName
2	2014-11-02	2014-11-02	ZSQ	NZSQ
3	2014-11-03	2014-11-03	XBJ	NXBJ
5	2014-11-05	2014-11-05	LGY	NLGY
6	2014-11-06	2014-11-06	YSS	NYSS
8	2014-11-08	2014-11-08	GHP	NGHP
9	2014-11-09	2014-11-09	XW	NXW
10	2014-11-28	2014-11-28	wxj	nwxj

图 4-22 master 表内容

实例 4-16：LEFT JOIN

SELECT * FROM email LEFT JOIN master ON email.MasterId=master.MasterId;

结果如图 4-23 所示。

EmailId	MasterId	DateAdded	DateModified	Email	EmailType	MasterId	DateAdded	DateModified	TName	NName
2	2	2014-11-02	2014-11-02	email_2@abc.com	WORK	2	2014-11-02	2014-11-02	ZSQ	NZSQ
3	3	2014-11-03	2014-11-03	email_3@abc.com	WORK	3	2014-11-03	2014-11-03	XBJ	NXBJ
6	6	2016-11-06	2016-11-06	email_6@abc.com	WORK	6	2014-11-06	2014-11-06	YSS	NYSS
9	9	2019-11-09	2019-11-09	email_9@abc.com	WORK	9	2014-11-09	2014-11-09	XW	NXW
10	10	2014-11-28	2014-11-28	wxj@wzu.edu.cn	home	10	2014-11-28	2014-11-28	wxj	nwxj
11	3	2014-12-11	2014-12-11	XBJ2@126.com	other	3	2014-11-03	2014-11-03	XBJ	NXBJ
12	3	2014-12-11	2014-12-11	XBJ2@126.com	home	3	2014-11-03	2014-11-03	XBJ	NXBJ
13	1	2015-02-22	2015-02-22	mailqq@126.com	WORK	NULL	NULL	NULL	NULL	NULL

图 4-23 实例 4-16 结果

从结果可以看出，MasterId 为 1 的这条记录，在 master 表中没有，但是在 email 表中有，在结果中也把它列出来了。

实例 4-17：RIGHT JOIN

SELECT * FROM   email   RIGHT   JOIN   master   ON email.MasterId=master.MasterId;

上面的实例演示了 RIGHT JOIN，请对照实例运行结果如图 4-24 所示，分析它的作用。

EmailId	MasterId	DateAdded	DateModified	Email	EmailType	MasterId	DateAdded	DateModified	TName	NName
2	2	2014-11-02	2014-11-02	email_2@abc.com	WORK	2	2014-11-02	2014-11-02	ZSQ	NZSQ
3	3	2014-11-03	2014-11-03	email_3@abc.com	WORK	3	2014-11-03	2014-11-03	XBJ	NXBJ
11	3	2014-12-11	2014-12-11	XBJ2@126.com	other	3	2014-11-03	2014-11-03	XBJ	NXBJ
12	3	2014-12-11	2014-12-11	XBJ2@126.com	home	3	2014-11-03	2014-11-03	XBJ	NXBJ
NULL	NULL	NULL	NULL	NULL	NULL	5	2014-11-05	2014-11-05	LGY	NLGY
6	6	2016-11-06	2016-11-06	email_6@abc.com	WORK	6	2014-11-06	2014-11-06	YSS	NYSS
NULL	NULL	NULL	NULL	NULL	NULL	8	2014-11-08	2014-11-08	GHP	NGHP
9	9	2019-11-09	2019-11-09	email_9@abc.com	WORK	9	2014-11-09	2014-11-09	XW	NXW
10	10	2014-11-28	2014-11-28	wxj@wzu.edu.cn	home	10	2014-11-28	2014-11-28	wxj	nwxj

图 4-24   实例 4-17 结果

4.2.5   使用 UPDATE 命令

UPDATE 是用来修改已有的单条或多条记录中的一列或多列的内容的 SQL 命令。它的命令语法如下：

UPDATE   table_name   SET column1='new value', column1='new value'
[WHERE   ]

更新记录的规则和插入记录的规则类似：输入的数据必须和字段的数据类型对应，必须用单引号或双引号把字符串括起来，必要的时候要转义。

进行条件式 UPDATE 意味着使用 WHERE 子句来匹配特定记录。在 UPDATE 语句中使用 WHERE 子句和在 SELECT 语句中使用是相同的。所有相同的比较操作符、逻辑操作符一样可以使用，例如等于、大于、OR 和 AND。

实例 4-18：条件式更新如下

UPDATE   user SET userName='ZSH' WHERE userName ='YSS';

结果如图 4-25 和图 4-26 所示。

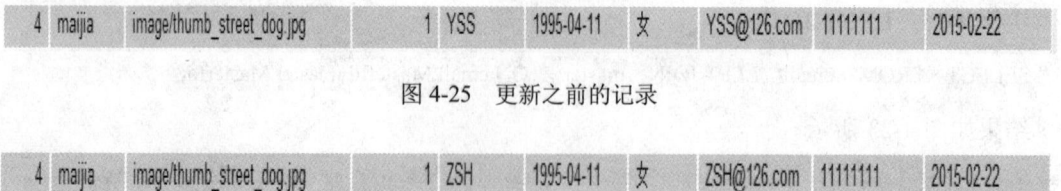

| 4 | maijia | image/thumb_street_dog.jpg | 1 | YSS | 1995-04-11 | 女 | YSS@126.com | 11111111 | 2015-02-22 |

图 4-25   更新之前的记录

| 4 | maijia | image/thumb_street_dog.jpg | 1 | ZSH | 1995-04-11 | 女 | ZSH@126.com | 11111111 | 2015-02-22 |

图 4-26   实例 4-18 运行后的效果

4.2.6   使用 REPLACE 命令

修改记录的另一个方法是使用 REPLACE 命令，它类似于 INERT 命令，使用语法如下：

REPLACE INTO table_name (column liset) VALUES　（column values）；

REPLACE 语句做的工作是，如果插入到表中的记录包含了一个主键值，这个主键值等于表中已有的一条记录主键，那么这条记录将被删除，新的记录会插入到它所在的位置。

实例 4-19：条件式更新

REPLACE INTO user VALUES('1','maijia','c:\wamp\01.bmp', ' 1','CXY','1995-3-3', ' ma ' , 'caoxiyue@126.com','11111111','2014-11-10');

结果如图 4-27 和图 4-28 所示。

| 1 | maijia | image/dogkiss.jpg | | 1 | CXY | 1995-01-11 | 男 | CXY@126.com | 11111111 | 2015-02-22 |

图 4-27　更新之前的记录

| 1 | maijia | image/dogkiss.jpg | | 1 | CXY | 1995-03-03 | 男 | caoxiyue@126.com | 11111111 | 2014-11-10 |

图 4-28　更新后的记录

4.2.7　使用 DELETE 命令

DELETE 语句用于删除记录，它的语法如下：

```
DELETE        expressions_and_columns FROM table_name
[WHERE                  ]
[ LIMIT offset,rows]
```

要知道在 DELETE 命令中如果没有 WHERE 条件，那么当你使用 DELETE 的时候，表中所有记录都会被删除掉。

一个条件式 DELETHE 语句，如同条件式 SELECT 或 UPDATE 语句，让我们使用 WHERE 子句来匹配特定的记录。可以用比较操作符和逻辑操作符挑选和选取要删除的哪些记录。

实例 4-20：条件式删除如下

DELETE FROM user WHERE userName='CXY';

4.3　PHP 基础

4.3.1　简单 PHP 脚本

本节中我们直接介绍 PHP 脚本，首先，打开 Dreamweaver 软件，创建一个新的 PHP 脚本。

实例 4-21：简单 PHP 脚本

```
1    <?php
2    echo "<h1>HELLO! </h1>";
3    ?>
```

按 F12 键就可以看到运行结果，如图 4-29 所示。

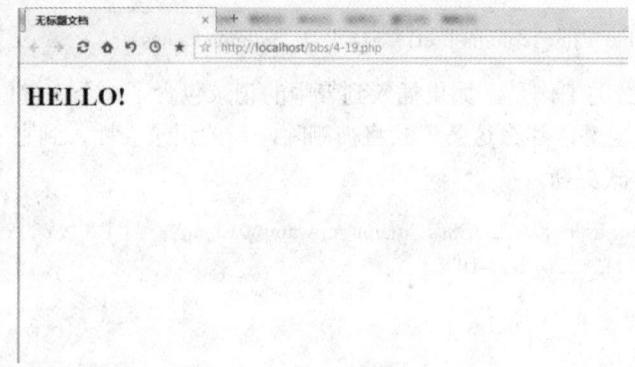

图 4-29 实例 4-21 的运行结果

提示：为了看到这个结果，请一定要保证 Wamp 是运行的，并且已经正确设置好到你的 Dreamweaver，如果忘记如何设置 Wamp，请对照第 1 章的内容进行设置。

1．开始和结束一个 PHP 语句块

<?php　　　　?>为 PHP 的标准分隔标记，它们标识了 PHP 代码块的开始和结尾。当然也许会在别的 PHP 程序里看到<?　　　　?>这样的分隔标记，它称之为短标记，要激活短标记，必须在 php.ini 中进行如下设置，并且重启 Apache 服务器。

Short_open_tag=on;

提示：为了确保你的程序是可移植的，请务必使用标准标记而不是短标记。

2．echo 语句

echo 语句用来输出数据，可以在浏览器中看到 echo 的任何输出。当然也会在别的地方看到 print()函数作为输出，这完全是个人习惯问题。

除了分隔标志，每一句 PHP 语句要用";"号结尾，请注意，是英文状态下的";"，如果不小心输错了，编辑器会提醒你语法错误。

3．加入到 html 中的一个 PHP 脚本

上一个实例的脚本是纯 PHP 的，下面用简单的实例来演示把 PHP 代码加入到一个 HTML 文档中。

实例 4-22：在 html 中加入 PHP 脚本

```
<!doctype html>
<html>
<head>
</head>
<body>
<?php
Echo "<h1>HELLO    WEB! </h1>"
?>
</body>
</html>
```

程序运行结果如图 4-30 所示。

图 4-30 实例 4-22 的运行结果

4. 为 PHP 代码添加注释

注释就是脚本中会被 PHP 引擎忽略的部分，在编写代码的时候，就要添加注释，以后再回去看或者修改的时候，会节省很多时间，并且让其他读代码的人更容易使用你的代码。

PHP 支持的代码注释方式有下面几种：

● 单行注释，"//"或者"#"，PHP 引擎会忽略这些符号到行末或者到 PHP 结束标记之前的所有文本。

```
//this is a comment
#this is a comment
```

● 多行注释

```
/* this is a comment */
```

4.3.2 PHP 组成

PHP 的语法由很多部分组成，包括变量、函数、常量等。通过实例 4-23 我们详细地讲解这些部分。在开发过程中，经常会碰到产生一个随机字符串的情况，比如在登录时会看到的验证码等。

实例 4-23：产生随机字符串函数

```php
1    <?php
2    function random($length) {
3    $hash = '';
4    $chars=
'ABCDEFGHIJKLMNOPQRSTUVWXYZ0123456789abcdefghijklmnopqrstuvwxyz';
5    $max = strlen($chars) - 1;
6    for($i = 0; $i < $length; $i++) {
7    $hash .= $chars[mt_rand(0, $max)];
8    }
9    return $hash;
10    }
11    ?>
```

在程序清单中，包含了 PHP 的大部分基础。为了详细读懂这份清单，我们逐句解释。

第 1 行是 PHP 代码块的起始标志；

第 2 行涉及了 2 个基础知识、变量和函数。";"分号，用来结束一条 PHP 语句。首先来看一下变量的含义。

1. 变量

PHP 中的变量（variable）用一个美元符号$后面跟变量名来表示。变量名可以包含字母、数字以及下划线（_）但不能包含空格。下面的方式展示了变量的一些定义方法：

```
$length;
$a_long_name = 8;
$a345 = 7;
$_P = 'a' ;
```

PHP 变量规则：

- 变量名称必须以字母或下划线开头；
- 变量名称不能以数字开头；
- 变量名称只能包含字母数字字符和下划线（A-z、0-9 以及 _ ）；
- 变量名称对大小写敏感（$a 与 $A 是两个不同的变量）。

2. 超全局变量

PHP 中的许多预定义变量都是"超全局的"，这意味着它们在一个脚本的全部作用域中都可用。比如：$_GET、$_POST、$_COOKIE 和$_SESSION 等，在稍后的章节，会讲解超全局变量的用法。

3. 数据类型

PHP 共有 8 种数据类型，如表 4-1 所示。不同的数据类型占用不同的内存量，并且在一个脚本中操作它们的时候可区别对待。PHP 是类型宽松的语言，只有在数据被赋给每个变量的时候才确定数据类型。但是其他一些编程语言要求程序员提前声明一个变量所要包含的数据的类型。

表 4-1　标准数据类型

类 型 名 称	类 型 表 示	取 值
bool	布尔型	true,false
integer	整型	-2147483647-2147483648
string	字符串型	字符串长度取决于机器内存
float	浮点型	最大值 1.8e308
object	对象	通过 new 实例化 $obj=new person();
array	数组类型	$arr=array(1,2,3,4,5,6);//一维数组
resourse		
null	空值	null

4. 函数

函数是可以在程序中重复使用的语句块。页面加载时函数不会立即执行，函数只有在被调用时才会执行。在实例 4-23 第 2 行 function random($length){，我们定义一个随机函数，用来产生一串随机字符：

- 用户定义的函数声明以关键字"function"开头；
- 函数名，如 random，能够以字母或下划线开头（而非数字），函数名对大小写不敏感；
- 参数被定义在函数名之后，如($length)，括号内部。您可以添加任意多参数，只要用逗号隔开即可；
- 打开的花括号"{"指示函数代码的开始，而关闭的花括号"}"指示函数的结束。

PHP 有很多标准的函数和结构。有很多核心函数已包含在每个版本的 PHP 中，如字符串和变量函数。请多参考 PHP 手册 http://php.net/manual/zh/language.functions.php，获得内建函数信息，PHP 的真正力量来自它的函数：它拥有超过 1000 个内建的函数。我们会在后面的章节详细介绍函数的定义、使用等相关知识，在这里只是稍做提示。

实例 4-23 第 3 行定义了一个变量$hash 并给它赋空值；

在第 4 行，程序给变量$chars 赋了一长串值，内容包括大小写英文字母以及 10 个阿拉伯数字，作为我们随机数的取值范围；

实例 4-23 的第 5 行，定义了变量$max 并赋予它随机字串最大长度，我们看到了函数 strlen($chars)，它是 PHP 的数组函数，这个函数的作用是获得变量$chars 的长度。在第 5 行里碰到了运算符和数组函数，为了使读者有一个流畅的阅读体验，我们先介绍运算符，等遇见数组内容时，再一并介绍数组和数组函数。

5. 运算符

运算符是可以通过给出的一或多个值来产生另一个值。运算符可按照其能接受几个值来分组。一元运算符只能接受一个值，例如!（逻辑取反运算符）或 ++（递增运算符）。二元运算符可接受两个值，例如熟悉的算术运算符 +（加）和 -（减），大多数 PHP 运算符都是这种。最后是唯一的三元运算符 ? :，可接受三个值；通常就简单称之为"三元运算符"或者条件运算符。

1）PHP 算数运算符

算术运算遵循数学运算规则从左到右，先算乘除后算加减，遇到括号先算括号内，见表4-2。

表4-2　算数运算符

运 算 符	名 称	例 子	结 果
+	加法	$A + $B	$A 与 $B 求和
-	减法	$A - $B	$A 与 $B 的差数
*	乘法	$A * $B	$A 与 $B 的乘积
/	除法	$A / $B	$A 与 $B 的商数
%	模数	$A % $B	$A 除 $B 的余数

2）PHP 赋值运算符

PHP 中基础的赋值运算符是 "="。这意味着右侧赋值表达式会为左侧运算数设置值，见表4-3。

表4-3　赋值运算符

赋 值	等 同 于	描 述
A = B	A =B	右侧表达式为左侧运算数设置值

续表

赋　值	等　同　于	描　述
A += B	A = A + B	加
A -= B	A = A - B	减
A *= B	A = A * B	乘
A /= B	A = A / B	除
A %= B	A = A % B	模数

4）PHP 字符串运算符

字符串运算符见表 4-4。

表 4-4　字符串运算符

运　算　符	名　称	例　子	结　果
.	串接	$txt1 = "Hello" $txt2 = $txt1 . " world!"	现在 $txt2 包含 "Hello world!"
.=	串接赋值	$txt1 = "Hello" $txt1 .= " world!"	现在 $txt1 包含 "Hello world!"

5）PHP 递增/递减运算符

递增/递减运算符见表 4-5。

表 4-5　递增/递减运算符

运　算　符	名　称	描　述
++$A	前递增	$A 加一递增，然后返回 $A
$A++	后递增	返回 $A，然后 $A 加一递增
--$A	前递减	$A 减一递减，然后返回 $A
$A--	后递减	返回 $A，然后 $A 减一递减

6）PHP 比较运算符

PHP 比较运算符用于比较两个值（数字或字符串），比较运算得到的值为布尔值，见表 4-6。

表 4-6　比较运算符

运　算　符	名　称	例　子	结　果
==	等于	$A == $B	如果 $A 等于 $B，则返回 true
===	全等（完全相同）	$A === $B	如果 $A 等于 $B，且它们类型相同，则返回 true
!=	不等于	$A != $B	如果 $A 不等于 $B，则返回 true
<>	不等于	$A <> $B	如果 $A 不等于 $B，则返回 true
!==	不全等（完全不同）	$A !== $B	如果 $A 不等于 $B，且它们类型不相同，则返回 true
>	大于	$A > $B	如果 $A 大于 $B，则返回 true
<	大于	$A < $B	如果 $A 小于 $B，则返回 true
>=	大于或等于	$A >= $B	如果 $A 大于或者等于 $B，则返回 true
<=	小于或等于	$A <= $B	如果 $A 小于或者等于 $B，则返回 true

7）PHP 逻辑运算符

先将比较的两边转换成布尔类型，再执行它们的关系，逻辑运算得到的值为布尔值，见表4-7。

表4-7 逻辑运算符

运 算 符	名 称	例 子	结 果
and	与	$A and $B	如果 $A 和 $B 都为 true，则返回 true
or	或	$A or $B	如果 $A 和 $B 至少有一个为 true，则返回 true
xor	异或	$A xor $B	如果 $A 和 $B 有且仅有一个为 true，则返回 true
&&	与	$A && $B	如果 $A 和 $B 都为 true，则返回 true
||	或	$A || $B	如果 $A 和 $B 至少有一个为 true，则返回 true
!	非	!$A	如果 $A 不为 true，则返回 true

实例4-23 第6～8行使用了 for 语句,这是 PHP 的流程控制语句,它的含义是定义变量$i=0,如果它小于最长数组的长度$length,那么每进入花括号内的循环一次,$i 就自增一次。在花括号{}内, mt_rand(0, $max)函数用来生成一个 0 和$max 之间的随机数作为 char[]数组的下标,取出该下标位置的字符生成随机字符。我们会在下面的章节中具体解释 PHP 流程控制语句。

第 7 行,在这一行,调用了 1 个内置函数 mt_rand(min,max);返回 min 到 max 之间的随机整数。

我们可以在实例 4-23 中加入几行代码来调用这个自定义的函数 random($length)并且在用户的浏览器中反馈出来。

实例 4-24：用产生随机字符串函数来生成网页验证码

```
1    <?php
2  Define("LENGTH",4);
3   function random($length) {
4   $hash = '';
5   $chars = 'ABCDEFGHIJKLMNOPQRSTUVWXYZ0123456789abcdefghijklmnopqrstuvwxyz';
6   $max = strlen($chars) - 1;
7   mt_srand((double)microtime() * 1000000);
9   for($i = 0; $i < $length; $i++) {
10  $hash .= $chars[mt_rand(0, $max)];
11  }
12  return $hash;
13  }
14 echo "验证码: ".random(LENGTH);
15 ?>
```

在这个实例中,我们看到加入了第 2 和第 14 这两行,在第 2 行,定义了一个常量,在第 14 行,把这个生成的验证码输出到浏览器中。下面来了解一下常量。

6. 常量

常量是一个简单值的标识符（名字）。如同其名称所暗示的,在脚本执行期间该值不能改变。常量默认为大小写敏感。传统上常量标识符总是大写的。常量名和其他任何 PHP 标签遵循同样的命名规则。合法的常量名以字母或下划线开始,后面跟着任何字母,数字或下划线。

7. 数组

数组用来存储和组织数据。数组是有索引的，每一个条目都由一个键（key）和一个值（value）组成。键是索引的位置，从 0 开始，每个新元素都增加 1，值就是我们和该位置关联起来的任何值。

1）创建数组

array() 创建数组，带有键和值。我们来建立一个数组 flower。

```
$flower = array("rose", "lily", "daisy", "orchid");
```

也可以用以下方法建立一个 flower 数组。

```
$ flower [] = "rose";
$ flower [] = "lily";
$ flower [] = "daisy";
$ flower [] = "orchid";
```

或者下面这种方法：

```
$ flower [0] = "rose";
$ flower [1] = "lily";
$ flower [2] = "daisy";
$ flower [3] = "orchid";
```

2）添加入数组

```
$flower = array("rose", "lily", "daisy", "orchid");
$flower []= "Tulip";
```

3）创建关联数组

数字索引数组使用一个索引位置作为键，如 0，1，2 等，而关联数组则实际命名键。下面通过一个学生数组来说明。

```
$student = array("name"=> "CXY", "classname" => "dmt13","age" => "20" );
```

$student 中的 3 个键是 name、classname、age。关联的值分别是 CXY、dmt13 和 20，我们可以使用指定键来引用数组的具体元素。

```
echo   $student['name'];//输出 CXY
```

如果想要在这个关联数组里面添加元素，我们可以用以下方式：

```
$student['sex']='male';
```

那么我们就添加了一个名为 sex 的键，它的值是 male。

4）创建多维数组

一个多维数组存储了多个关联数组或者一维数组。下面建立一个学生的多维数组。

```
$ student = array(
            array("name" => "CXY",
             "classname" => "dmt1301",
             "age" => 20,
             "sex" => "male "
```

```
                ),
            array(
                "name" => "PCR",
                " classname " => " dmt1302",
             "age" => 19,
             "sex" => "female"
        ));
```

5）遍历多维数组

为了得到存储在多维数组里的元素，PHP 提供了一个 Foreach()函数供我们使用。

实例 4-25：遍历一个多维数组

```
1    <?php
2    $student = array(
3            array("name" => "cxy",
4            "classname" => "dmt1301",
5            "age" => 20,
6            "sex" => "male "
7                ),
8            array(
9            "name" => "pcr",
10           " classname " => " dmt1302",
11           "age" => 19,
12           "sex" => "female"
13       ));
14   foreach($student as $s ){
15       foreach($s as $k =>$v){
16           echo "$k ... $v <br/>";
17           }
18           echo '<hr>';
19       }
20   ?>
```

第 14 行～第 19 行代码展示了用 foreach()函数遍历多维数组的方式。PHP 提供了专门的函数来遍历数组和多维数组。这个函数有 2 种用法：

foreach (array_expression as $value) statement

第一种格式遍历给定的 array_expression 数组。每次循环中，当前单元的值被赋给 $value 并且数组内部的指针向前移一步（因此下一次循环中将会得到下一个单元）。

foreach (array_expression as $key => $value) statement

第二种格式做同样的事，只除了当前单元的键名也会在每次循环中被赋给变量 $key。

实例 4-25 中还展示了嵌套使用这个函数的用法。也可以用 list()函数和 each()函数来搭配 foreach()函数遍历多维数组。

8. 一些和数组有关的函数

1）count()和 sizeof()

计算数组中的元素个数，用法如下：

```
Count($flower);
sizeof($flower);
```

我们会得到以下结果：Count($flower)=4。

2）reset()

把指针返回到数组的开始

```
Reset($flower);
```

PHP 中有大量的函数，都记住这些函数不太现实，但常用的函数还是要熟练使用的，大部分的函数使用方法可以通过查询 PHP 手册来使用。

我们在讲解实例 4-23 的时候把 PHP 涉及的一些组成部分都讲解了一下，从中读者也可以了解到，PHP 的语句非常少而且很容易上手。下面的章节我们了解 PHP 的流程控制语句。在实例 4-23 中，也已经出现过其中的一种。

4.3.3　PHP 流程控制语句

1.　if…else 语句

if 语句用来判定所给定的条件是否满足，根据判定的结果（真或假）决定执行给出的两种操作之一。if 的返回值为真或假，使用 if…else 语句如实例 4-26 所示。

实例 4-26：if…else 语句

```php
<?php
$weather= "rainy";
if ($weather == "cloudy") {
        echo " Even when it's cloudy, keep looking for the rainbow. ";
} else {
        echo " rainy day ";
}
?>
```

2.　带有 elseif 子句的 if 语句

使用带 elseif 子句的语句给出了另一个表达式来计算条件，如果这个表达式计算为 true，则执行它对应的代码块。

实例 4-27：带 elseif 子句的语句

```php
<?php
$weather= "rainy";
if ($weather == "cloudy") {
        echo " Even when it's cloudy, keep looking for the rainbow. ";
} elseif ($weather == "cloudy") {
        echo " rainy day ";
} else {
        echo "It will be a good day!";
}
?>
```

3. switch 语句

使用 switch 语句只用计算一个表达式列表，基于匹配代码的一个特定位来选择正确的一个。

实例 4-28：使用 switch 语句

```php
<?php
$weather= "rainy";
switch ($weather) {
    case " cloudy ":
     echo " Even when it's cloudy, keep looking for the rainbow. ";
        break;
    case " rainy ":
     echo " rainy day ";
        break;
    default:
    echo "It will be a good day!";
        break;
}
?>
```

switch 语句中的表达式通常只是一个变量，例如$weather。在 switch 语句中，有很多的条件语句。每一个条件都检测一个值是否与 switch 表达式的值匹配。如果条件值和表达式的值相等，则执行条件语句中的代码。后面跟着的 break 语句将结束 switch 语句的执行。

读者可以考虑一下，如果省略了 break 语句，那么结果将如何呢？通过运行就可以知道了，代码将顺序执行下一条件语句，而不管是否已经找到前一个匹配值。default 语句的含义是默认语句。也就是代码在执行到可选的默认语句之前还没有找到一个匹配的值，那么执行默认语句。

迄今为止，我们已经看到了脚本可以做出和执行什么代码相关的判断。循环语句专门用来允许你完成重复任务。

4. while 语句

使用 while 语句看上去和一个 if 语句结构类似，但是它可以循环。只要指定的条件为真，while 循环就会执行代码块。其语法如下：

```
while (expression) {
  do;
}
```

实例 4-29：使用 while 语句

```php
1    <?php
2    $c = 1;
3    while ($c <= 10) {
4        echo $c." times 3 is ".($c * 3)."<br/>";
5      $c++;
6    }
7    ?>
```

结果如图 4-29 所示。

实例 4-29 中，第 2 行设置变量$c，第 3 行，如果变量小于等于 10，那么循环将继续运行。第 5 行让变量自增，如果没有这一步，第 3 行的表达式($c <= 10)将永远成立，代码就会进入死循环。

```
1 times 3 is 3
2 times 3 is 6
3 times 3 is 9
4 times 3 is 12
5 times 3 is 15
6 times 3 is 18
7 times 3 is 21
8 times 3 is 24
9 times 3 is 27
10 times 3 is 30
```

图 4-29   实例 4-29 的运行结果

5. do…while 语句

do...while 循环首先会执行一次代码块，然后检查条件，如果指定条件为真，则重复循环。

```
do{
Do;
}While(expression);
```

实例 4-30：使用 do…while 语句

```php
1    <?php
2    $n = 1;
3    do {
4        echo "The number is: ".$n."<br/>";
5        $n++;
6    } while (($n > 2) && ($n < 10));
7    ?>
```

在代码第 2 行，我们初始化变量$n 为 1，do...while 语句 while (($n > 2) && ($n < 4))表达式的结果显然为 false，但是，在表达式计算之前，至少执行了 1 次，因此输出的结果为 The number is: 1。如果把第 2 行改为$n = 6;那么结果是怎么样呢？请读者自行尝试。

6. for 语句

如果您已经提前确定脚本运行的次数，则可以使用 for 循环。

实例 4-31：使用 for 语句

```php
1    <?php
2    for($c = 1;$c <= 10; $c++) {
3    echo $c." times 3 is ".($c * 3)."<br/>";
4        }
5        ?>
```

实例 4-31 的运行结果和实例 4-29 完全相同。但是 for 语句的代码清单更加简洁，逻辑一目了然。

7. 使用 break 和 continue

break 结束当前 for，foreach，while，do-while 或者 switch 结构的执行。

实例 4-32：用递增到 10 的数来除 100

```
1    <?php
2    for ($c=-1; $c <= 10; $c++) {
3        $temp = 100/$counter;
4        echo "100 除以".$c."等于....".$temp. "<br/>";
5    }
6    ?>
```

在浏览器中访问这个脚本时，产生如图 4-30 所示的输出。

100 除以-1等于....-100

Warning: Division by zero in **C:\wamp\www\sampleforbook\4-30.php on line 12**
100 除以0等于....
100 除以1等于....100
100 除以2等于....50

图 4-30　实例 4-32 的运行结果

为什么会产生 **warning** 呢？因为当代码执行第 2 次的时候会发生 100 除以 0 的情况。那么如何防止呢？用 *break* 语句跳出循环，代码清单如下所示。

实例 4-33：使用 break

```
1    <?php
2    for ($c=-1; $c <= 10; $c++) {
3        if($c==0){
4            break;}else{
5        $temp = 100/$c;
6        echo "100 除以".$c."等于....".$temp. "<br/>";
7        }
8    }
9    ?>
```

运行后产生输出：100 除以-1 等于....-100。这样就不会出现除以 0 的情况，但是后续的程序都不会运行了。那么如何既能防止除 0 的情况，又能让程序继续运行呢？PHP 中提供了 continue 语句来跳过迭代。

只需要把实例 4-33 中第 4 行的 break 用 continue 替代，那么浏览器输出结果就变为图 4-31 所示的结果了。

100 除以-1等于....-100
100 除以1等于....100
100 除以2等于....50
100 除以3等于....33.3333333333
100 除以4等于....25
100 除以5等于....20
100 除以6等于....16.6666666667
100 除以7等于....14.2857142857
100 除以8等于....12.5
100 除以9等于....11.1111111111
100 除以10等于....10

图 4-31　变为 continue 后的运行结果

8. 转义字符

转义字符（见表 4-8），顾名思义会将规定的语法用"\"来输出。比如语句：echo "The price is \$14";这里$14 不是指的一个变量，而是美元的意思。这时候，必须用反斜杠"\"让它转义。但语法规定在不同的系统中转义字符的作用不同，例如：Windows 下的回车换行符用"\r"或"\n"，而在 Linux 中就有很大的区别："\r"光标回到行首，但还在本行；"\n"表示下一行，不会回到行首。

表 4-8　转义字符

序　列	含　义
\n	换行（LF 或 ASCII 字符 0x0A（10））
\r	回车（CR 或 ASCII 字符 0x0D（13））
\t	水平制表符（HT 或 ASCII 字符 0x09（9））
\\	反斜线
\$	美元符号
\"	双引号
\[0-7]{1,3}	此正则表达式序列匹配一个用八进制符号表示的字符
\x[0-9A-Fa-f]{1,2}	此正则表达式序列匹配一个用十六进制符号表示的字

4.3.4　使用函数

1. 函数定义

函数是一个自包含的代码块，可以由脚本调用，当调用时，就执行函数的代码来完成一个特定任务。

实例 4-34：根据期中成绩和期末成绩，计算出最终成绩

```
1    <?php
2    function termexam($midterm,$finalterm)
3    {
4        $termexam = abs((0.4*$midterm)+(0.6*$finalterm));
5        return $termexam;
6    }
7    ?>
8    <?php
9    $midterm = 60;
10   $finalterm = 60;
11   $termexam = termexam($midterm,$finalterm);
12   echo "您的期末成绩：".$termexam;
13   ?>
```

2. 调用函数

函数有两类，内置函数和自定义函数。PHP 有数百个内置函数。实例 4-34 第 4 行使用了内置函数 abs(),它用来返回一个数的绝对值。

3. 自定义函数

我们可以用 function 定义自己的函数，在实例 4-23 中，就看过这种做法。

```
function function_name($argument1,$argument2,$argument3,......$argumentn)
{
//函数代码 code
Return  返回值;
}
```

对上面的语法进行如下解释：

● function：用于申明用户自定义函数的关键字；
● function_name：要创建的函数名称，函数的命名规则与变量名相似。唯一不同的是函数名不区分大小写；
● argument：要传递给函数的值，函数可以有多个参数，它们之间用逗号；
● code：是在函数被调用的时候执行的一段代码；
● Return：将调用的代码需要的值返回，它不是每个函数必须的。

在实例 4-34 第 2 行～第 6 行就定义了一个函数，在后面的代码中，调用了这个函数。

```
function termexam($midterm,$finalterm)
{
    $termexam = abs((0.4*$midterm)+(0.6*$finalterm));
    return $termexam;
    }
```

如果函数需要参数，就要用逗号隔开变量名放在括号中。即便是不需要参数，也需要提供括号。在 termexam($midterm,$finalterm)这个函数中，return 停止当前函数的执行并且把值返回给调用函数的代码，但是有些函数也可以什么都不返回。

4. 变量的作用域

1）函数中声明的变量不能在函数外使用

实例 4-35：函数变量的作用域

```
1  function test()
2  {
3      $testvar = "this is a test variable";
4  }
5  echo "test variable: ".$testvar."<br/>";
```

结果如图 4-32 所示。

在实例 4-35 中，我们在函数外面调用了$testvar，一个在函数里面定义的变量，从结果中我们可以看出，它是不能被输出的。

```
test variable:
```

图 4-32 实例 4-35 运行结果

2）函数外声明的变量不能在函数内使用

同样，函数外声明的变量是不能在函数内使用的。实例 4-36 就展示了这一点。

实例 4-36：函数变量的作用域

```
1   $life = 42;
2   function meaningOfLife()
3   {
4           echo "The meaning of life is ".$life;
5   }
6   meaningOfLife();
```

程序运行结果如图 4-33 所示。

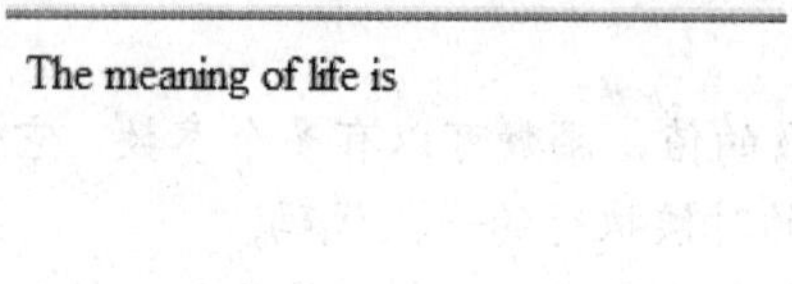

The meaning of life is

图 4-33　实例 4-36 运行结果

那么我们怎么才能获得在函数外面定义的变量呢？可以用两种方式，第一种就是用函数参数的方式，把变量的值赋给参数，在函数体里面就可以使用了。第二种方式就是用 global 语句访问全局变量，实例 4-37 就是采用这种方法的。

实例 4-37：函数变量的作用域 global 变量

```
1   $life = 42;
2   function meaningOfLife()
3   {
4     global     $life ;
5     echo "The meaning of life is ".$life;
6   }
7   meaningOfLife();
```

程序运行结果如图 4-34 所示。

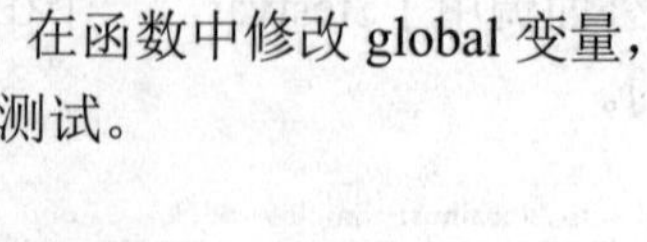

The meaning of life is 42

图 4-34　实例 4-37 运行结果

需要注意的是，函数的参数就是调用代码所传递的任何值的副本，在函数中修改它，对于函数块以外的部分没有任何影响。在函数中修改 global 变量，则会修改原始值而不是副本。读者可以试着修改一下实例 4-37 来测试。

实践练习：我猜我猜游戏

在这个练习里面我们来做一个"剪刀石头布"的脚本。用临时变量来模拟用户输入，然后根据不同的用户输入，表现不同的输出。

第二部分

综合项目实践

第5章

微课网网站设计

在本章中，我们提供了一个自己动手的项目，后续章节还有一个项目。这些项目把 PHP，MySQL 和 HTML 的知识运用到一起。本章，创建一个交互类网站——微课网。我们以网站开发流程为顺序，介绍网站设计，数据库设计，前台制作，后台制作。当然我们希望读者能跟我们一起动手操作，而不是仅仅看看而已。

5.1 网站预览

微课网是在 MOOC 理念大兴的时候为某机构建立的 MOOC 网站。这个网站的内容包括：微课程的推广和使用、课程笔记的编写和交流、网络后台管理。我们可以一开始就写网页，但是这样会迷失方向，在动手之前，我们必须要做好规划工作，这些工作需要我们考虑以下几个方面：

1．为什么要创建这个网站？
2．需要展示哪些内容？
3．访问网页的都是哪些人，我们如何吸引这些人？
4．需要多少个页面？
5．你希望网站是怎么样的结构？
6．你的访问者能怎样访问你的网站？

5.1.1 设计网站架构

我们在网上搜索出很多 MOOC 内容的网站，它们的页面内容包含以下几个部分：课程学习，推荐课程，笔记学习和笔记交流，其页面架构大致是导航位于顶部，再是课程列表居于网页中心。以下是现有的一些 MOOC 网的截屏，如图 5-1～5-4 所示。

图 5-1 mooc 学院 mooc.guokr.com

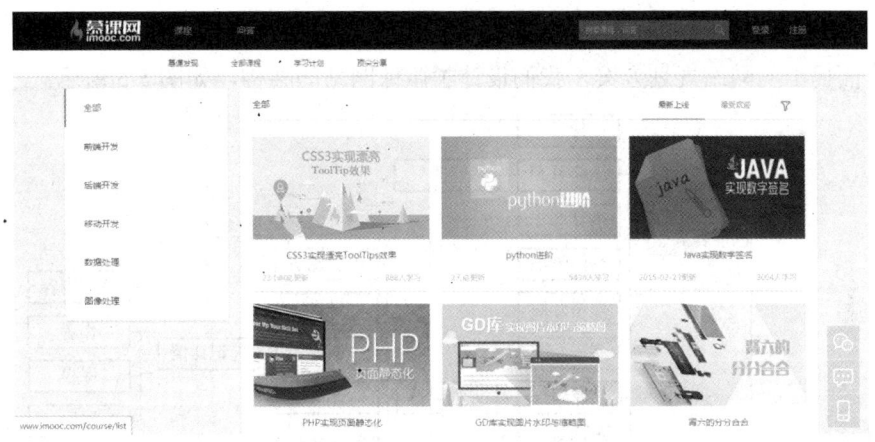

图 5-2 慕课网 www.imooc.com

图 5-3 MOOC 中国 www.mooc.cn

图 5-4　学堂在线 www.xuetangx.com

结合上面提出的网站规划方案，我们设计了微课网站的架构，如图 5-5 所示。

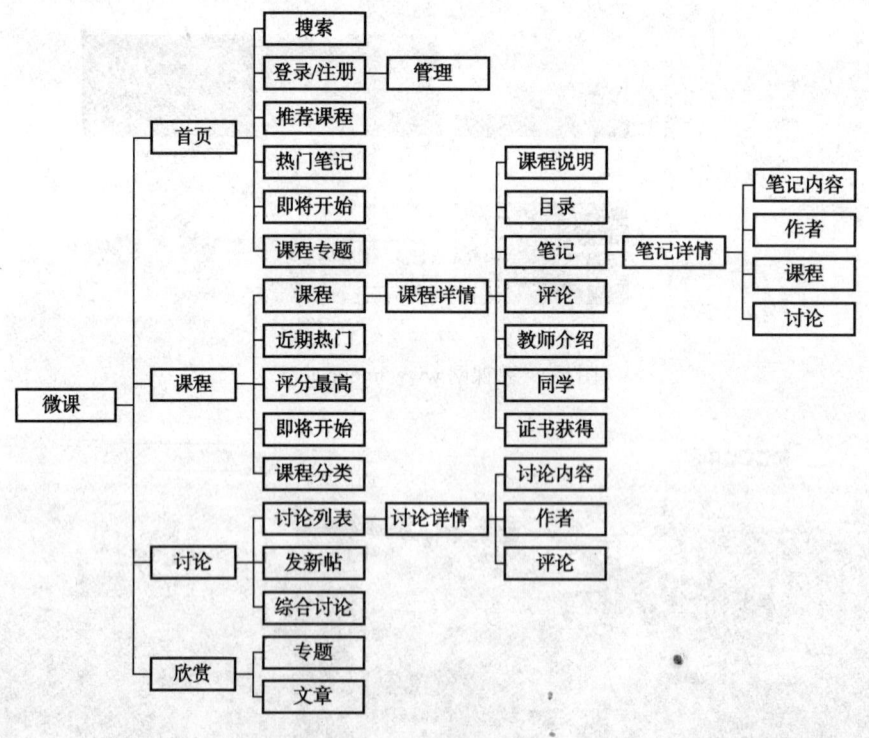

图 5-5　微课网架构图

这张结构图，很好地回答了我们在本章开头提出的规划问题的 1，2，4，5 部分。但是对于第 3 和第 6 两个问题，我们还需要一个角色关系和角色动作图来解释，如图 5-6～图 5-8 所示。

笔　记	
属性：	笔记 id
	笔记名字
	笔记所有者
	笔记内容
	课程笔记
	笔记发布时间

图 5-6　角色_笔记

作　业	
属性：	作业发布时间
	作业截止时间
	作业地址
	作业名字

图 5-7　角色_作业

课　程	
属性：	课程名
	课程所有者
	课程简介
	课程评论
	课程开始时间
	课程点击率
	课程持续时间

图 5-8　角色_课程

这几个角色都是只有被动行为，没有主动行为，因此没有给这几个角色设计网站交互的动作或者按钮。但是下面的角色，会有一些行为，因此需要为它们设计交互行为，以及支撑交互行为的数据内容，如图 5-9～5-12 所示。

用户			
属性：	用户类型	行为：	写笔记
	用户经验值		浏览笔记
	用户头像		评论笔记
	用户等级		删除笔记
	用户名		上传作业
	用户生日		关注课程
	用户职业		退订课程

图 5-9　角色_用户

用户			
属性：	用户类型	行为：	写笔记
	用户性别		观看课程视频
	用户邮箱		查看课程成绩
	用户个人说明		更新个人信息
	用户密码		更换密码
	用户创建时间		

图 5-9　角色_用户（续）

学习者			
属性：	用户类型	行为：	写笔记
	用户经验值		浏览笔记
	用户头像		评论笔记
	用户等级		删除笔记
	用户名		上传作业
	用户生日		关注课程
	用户职业		退订课程
	用户性别		观看课程视频
	用户邮箱		
	用户个人说明		
	用户密码		
	用户创建时间		
	用户账号		
	用户类型		
	用户经验值		

图 5-10　角色_学习者

教师			
属性：	用户类型	行为：	写笔记
	用户经验值		浏览笔记
	用户头像		评论笔记

图 5-11　角色_教师

教师

属性：	用户类型	行为：	写笔记
	用户等级		删除笔记
	用户名		开设课程
	用户生日		更新课程
	用户职业		批改作业
	用户性别		评论课程
	用户邮箱		评定学生成绩
	用户个人说明		
	用户密码		
	用户创建时间		

图 5-11 角色_教师（续）

管理员

属性：	用户类型	行为：	
	用户经验值		写笔记
	用户头像		浏览笔记
	用户等级		评论笔记
	用户名		删除笔记
	用户生日		删除课程
	用户职业		
	用户性别		
	用户邮箱		
	用户个人说明		
	用户密码		
	用户创建时间		

图 5-12 角色_管理员

5.1.2 设计数据库结构

通过上面的分析，我们对网站的构架已经非常清楚了。

有人会觉得，我们的网站开发的顺序应该是先视觉设计，再静态编码，再后台脚本编写，最后整合调试。但是有团队经验的人不会严格按照这个顺序执行。我们需要能并行合作。在有了网站的架构后，后台的人员就可以开始着手设计网站的数据库了。成功的网站软件由50%数据库和50%的程序组成，数据库设计的好坏是一个关键。有关数据库设计的材料汗牛充栋，跟网站相关的数据库的用法也在前面的章节讲过，更多的也就需要读者进行实践。

提示： 在讨论的时候，请一定要确保后台人员在场。至少后台人员中的一个领导者在场。如果你认为，视觉，前端和后台是分开的，那么你的网站开发中会遇到很多沟通上的问题。

数据库设计的工作有时候会持续到整个前端完成，数据库的结构，表关系分析，表的建立，表字段和字段类型都需要精雕细琢。在完成数据库表单的建立后，还需要输入一些数据，以供测试所需。下面列出微课网数据库表。建立这个数据库表的原则是为角色建立表单，然后再把一些多对多的关系建立关系表单。

1. 课程相关表

我们分别为上面所示的每个对象（角色）建立了一些相关的表。比如课程角色相关的有课程表、分课时表、课程类型表和课程关注表，它们分别包含了每门总课程的属性，总课程中分课时的属性和课程的分类属性。

表 5-1　课程表

表名:课程（Module）		
字段	字段类型	解释
ModuleId	tinyint（8）	课程 id
ModuleeName	varchar(32)	课程名
ModuleOwer	varchar(32)	课程所有者
ModuleIntr	varchar(500)	课程简介
ModuleCommentID	tinyint(8)	课程评论
Moduletime	date()	课程开始时间
ModuleClickRate	SMALLINT(32)	课程点击率
ModuleDul	date()	课程持续时间

表 5-2　分课时表

表名：分课时（Course）		
字段	字段类型	解释
CourseId	tinyint（8）	分课程 id
MouduleId	tinyint（8）	课程 id
CourseName	varchar(32)	分课程名
CourseTeacher	varchar(32)	课程授课教师
CourseVideoSite	varchar(128)	课程视频地址
Coursetime	date()	课程开始时间
CourseLanguage	varchar(16)	课程语言

续表

表名：分课时（Course）		
字段	字段类型	解释
Subtitle	varchar(16)	课程字幕
CourseThumbnail	varchar(64)	课程缩略图
Courseupload	date()	课程上传时间

表5-3 课程类型表

表名:课程分类（ModuleClassify）		
字段	字段类型	
ClassifyId	tinyint（8）	分类 id
ClassifyName	varchar(8)	分类名

表5-4 课程关注表

表名：课程关注表（attmoduleid）		
字段	字段类型	解释
ModuleID	tinyint（8）	课程 id
UserID	tinyint（8）	用户 id

在课程关注表里，我们对用户关注的课程建立了关系表，以便在今后的网页运行中能够方便地调用。我们把能够让数据库完成的任务尽量分配给数据服务器，这样会减少脚本服务器的运算量。

2. 用户相关表

网站的用户由一般用户、课程学习者、教师和后台管理人员组成。我们给他们分别标注了类型和等级，见表 5-5 和表 5-6。

表5-5 用户表

表名：用户（user）		
字段	字段类型	解释
UserId	tinyint(8)	用户账号 id
Usertype	varchar(16)	用户类型
UserEXP	tinyint(8)	用户经验值
UserLogoAdd	varchar(128)	用户头像
UserGrade	tinyint(8)	用户等级
UserName	varchar(64)	用户名
UserBirthday	date()	用户生日
UserProfession	varchar(8)	用户职业
Usersex	varchear(2)	用户性别

续表

表名：用户（user）		
字段	字段类型	解释
UserMailbox	varchar(128)	用户邮箱
UserStateMassage	text	用户个人说明
UserPassword	varchar(32)	用户密码
UserCreationTime	date()	用户创建时间

表 5-6 用户等级表

表名	字段名称和解释	字段类型
等级表(grade)	等级 ID(GradeID)	Tinyint(8)
	等级对象 ID(GradeObID)	Tinyint(8)
	等级名字(GradeName)	varchar(64)
	等级说明(GradeDetail)	varchar(128)

3. 课程支撑

课程息息相关的周边包含作业、笔记、课件等各种资源，课程需要有这些重要的补充环节，用户需要有支撑资源来巩固所学的知识，见表 5-7～表 5-9。

表 5-7 作业表

表名：作业（homework）		
字段	字段类型	解释
HomeworkId	tinyint(8)	作业 id
HomeworkTime	date()	作业发布时间
HomeworkDeadline	date()	作业截止时间
HomeworkAdd	varchar(128)	作业地址
HomeworkName	varchar(64)	作业名字

表 5-8 素材表

表名：素材（Resource）		
字段	字段类型	解释
ResourceId	tinyint(8)	素材 id
ResourceAdd	varchar(128)	素材路径
ResourceTim	date()	素材上传时间
ResourceName	varchar(64)	素材名字

表 5-9　课件表

表名：课件（Courseware）		
字段	字段类型	解释
CoursewareId	tinyint(8)	课件 id
CoursewareOwner	varchar(128)	课件所有者
CoursewareAdd	varchar(128)	课件地址
CoursewareTime	date()	课件发布时间
CoursewareLanguage	varchar(16)	课件语言
CourseID	tinyint（8）	课件所属课程 id
CoursewareName	varchar(64)	课件名字

4．视频

微课网是一个视频授课的网站，因为视频在网站内部占据非常大的地位。下面的这些表就是为了视频这个对象服务的，见表 5-10 和表 5-11。

表 5-10　视频表

表名：视频（Video）		
字段	字段类型	解释
VideoId	tinyint(8)	视频 id
VideoOwner	varchar(128)	视频所有者
VideoAdd	varchar(128)	视频地址
VideoIntr	text	视频简介
Videotime	date()	视频上架时间
VideoDeadline	date()	视频持续时间
VideoLanguage	varchar(16)	视频语言
Videocover	varchar(128)	视频封面

表 5-11　视频内容分类表

表名：内容分类表（视频/课件/笔记/资源等分类表）（Contentclassify）		
字段	字段类型	解释
ClassifyID	tinyint(8)	分类 id
ContentID	tinyint(8)	内容 id

5．笔记

对于课程我们可以给用户提供编写笔记的功能，用户也可以通过查阅其他人的笔记来交流所学的课程的心得体会。笔记表见表 5-12。

表 5-12　笔记表

表名：笔记(Notes)		
字段	字段类型	解释
NotesId	tinyint(8)	笔记 id
NoteName	varchar(64)	笔记名字
NotesOwner	varchar(128)	笔记作者
NotesContent	varchar(10000)	笔记内容
NotesModuleID	tinyint(8)	课程笔记 id
NotesTime	date()	笔记发布时间

由于微课网是一个有很强大功能的网站，它非常实用，而且制作精良，它的后台数据库非常大，不是短短几个篇幅就能讲完的，因此我们在电子资源里附上了数据库，而在这里只是罗列了一小部分的内容。

5.2　设计网站页面效果

后台人员建立网站数据库并且插入数据的时候，视觉工作人员根据网站架构图设计网站页面效果。从线稿开始不断修改和润色，最后出图。

微课网的视觉设计遵循共同的网页风格，有自己的配色体系，它们分别是橙色、白色和灰色，微课网色彩体系如图 5-13 所示。

图 5-13　微课网色彩体系

5.2.1　设计和制作网站页面布局

网站由非常多的页面组成，它们都会作为一个资源放入随书所附的电子资源里面。在这个案例中，重点要介绍 4 张网页，分别是首页、课程、笔记和登录注册页面。它们涉及交互类型网站的大部分知识，因此，在这里也列出它们的布局图，如图 5-14～图 5-17 所示。

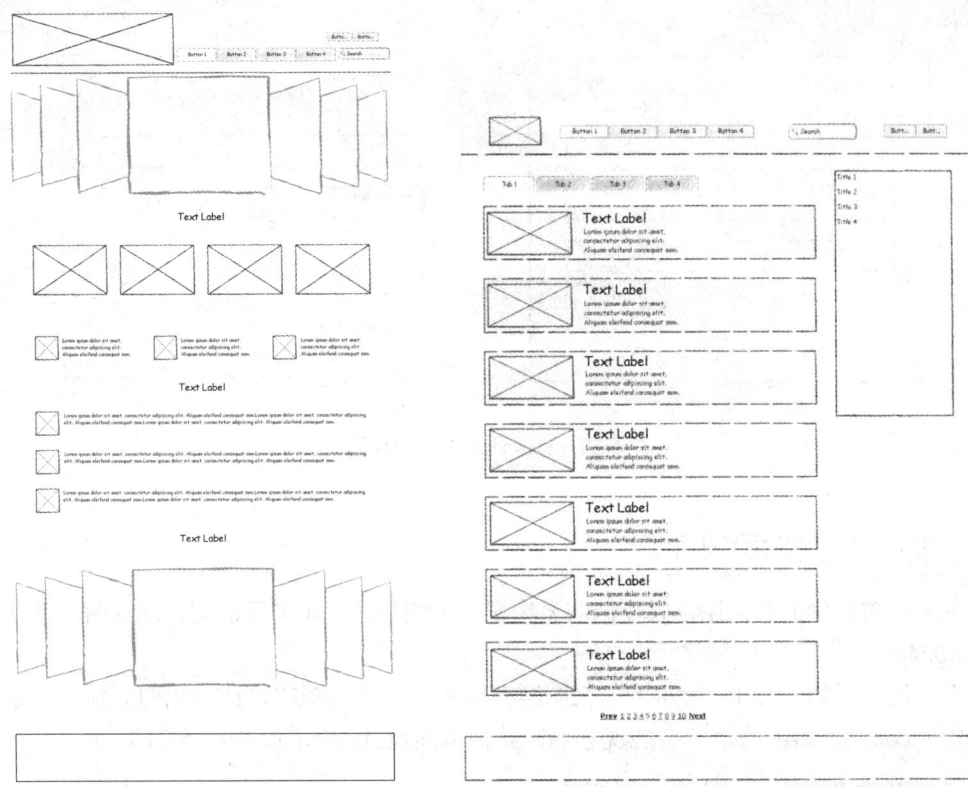

图 5-14 首页布局图　　　　　　　　　图 5-15 课程页面布局图

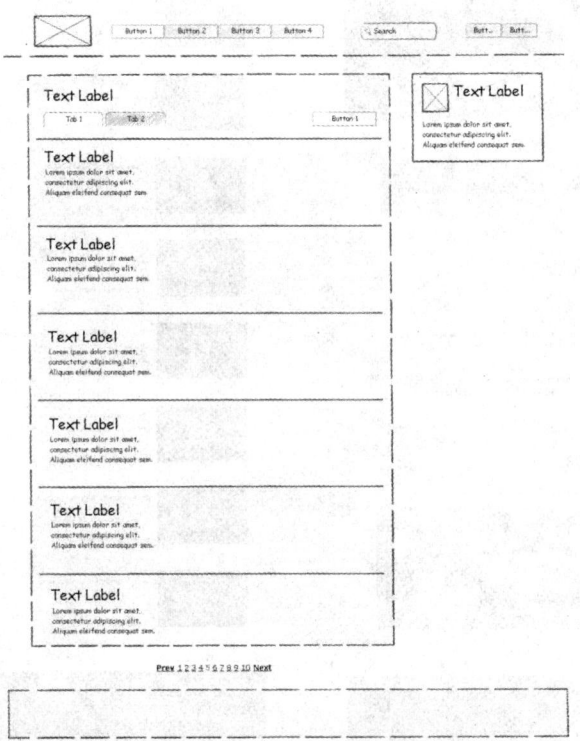

图 5-16 笔记页面布局图

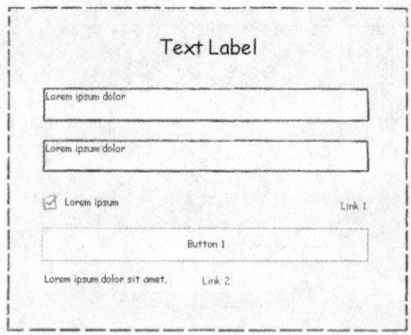

图 5-17　登录注册页面布局图

5.2.2　设计和制作页面图

根据上一节提供的布局图，以我们的系统配色为依据，制作了页面图，这些图片默认网页宽度是 1024px。

首页的设计图如图 5-18 所示。这张图漂亮地实现了布局图的设计，我们分别为网站设计了 Logo 和 icon，在后续的章节会展现它们。其他页面设计图如图 5-19～5-21 所示。

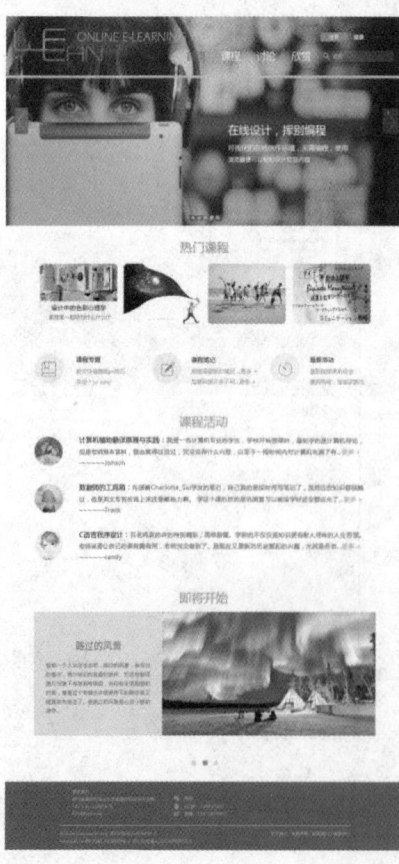

图 5-18　首页设计图　　　　　　　　　　　图 5-19　课程页面设计图

图 5-20　笔记页面设计图

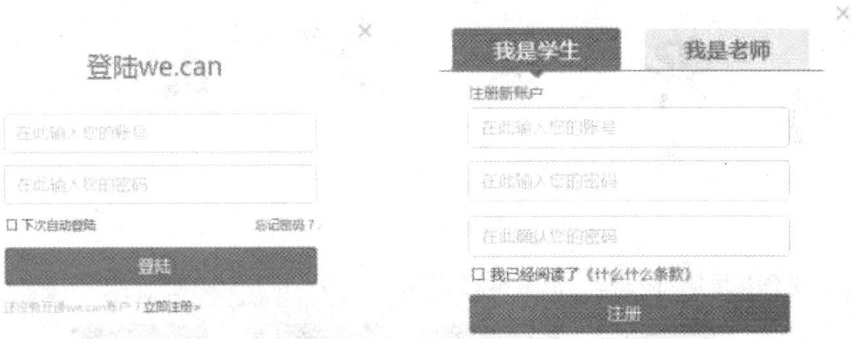

图 5-21　登录注册页面设计图

5.2.3　设计和制作 logo、icon 等

　　网页设计师需要考虑有效的表达构思的图形效果。比如说制作插图，制作图形符号，制作三维效果图等。通过图形确立网页风格大致分为：平面图形、半立体图形、立体图形。微课网用平面图形进行视觉造型。我们设计了统一的字体、插图、图形符号和照片。

1. 字体

　　汉字是我们数千年来的交流工具，它象形，表意。时至今日，字体（typography）的发展和研究仍然在继续。计算机出现后，字形（typeface）的开发和表现越来越多样化，字体不仅仅局限于可读性，也可以依靠文字的属性-字形、大小、字号、字间距等变化主动引导人们集中视线。本网站采用微软雅黑为标准字体，正文字号 14px，标题 30px。

2. Logo

微课网的 Logo 来源于微课的汉语拼音 Weike，我们使用了前两个字母 W 和 e 然后对它进行变形。我们设计了 2 个 Logo 样式，分别放在首页和子页面里面。如图 5-22 和图 5-23 所示。

图 5-22　用于首页的 logo 图

图 5-23　用于子页的 logo 图

3. Icon

图形符号（pictogram）是指不受国家、文化、地区等限制的单一化视觉语言，它也是人们能够快速、最准确地进行沟通的交流手段。比如奥运会图形符号如图 5-24 所示。

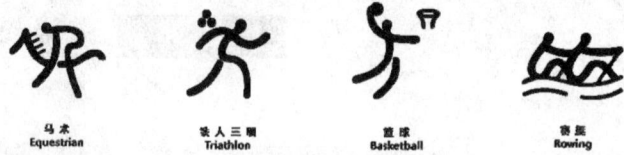

图 5-24　奥运会图标

以及一些公共场所符号等，如图 5-25 所示。

图 5-25　公共场所符号

对于网页而言，图形符号主要用作象征主页、网站地图、留言等图标，比如说点赞的图标。我们称之为 icon。图形符号有着单一的形态。在微课网中我们采用了 Bootstrap 授权使用的图形，如图 5-26 所示。

图 5-26　微课网使用的部分 icon 图

5.2.4 设计和制作网站特效

越来越多的网站重视网站特效的设计和使用，我们称之为动效（Dynamic Effect）。大到页面的转场，图片相册的切换，小到图标的动作等，在重视用户交互和用户体验的网站中非常多见。

微课网使用到动效的地方不是很多，下面一一列出。

1. 图片轮播

首页中我们采用了图片轮播的形式，一次播放热门课程、热门专题、热门讨论的链接式大图（实现方式我们会在第6章中详细讲解）如图 5-27 所示。

图 5-27　图片轮播动画

2. 收藏关注动画

用户在收藏某课程、笔记的时候就需要单击收藏图标。或者在点赞某个帖子，某个课程时，就会出现这个动画。非常简单地把一个空心的手形标识变成橙色实心的手形标识。如图 5-28 所示。

图 5-28　点赞动画

实践练习：设计和制作个性化网络课堂

实验目的：

根据题目，设计和制作一个个性化的网络课堂。

实验基础要求：

制作首页、视频页等内页。

实验内容与步骤：

可以参考如下图片制作首页和视频页面设计。

个性化首页

视频页面

制作提示：

1．基本大小：1366*657 像素。

2．格式：psd，png。

3．图层格式参考下图。

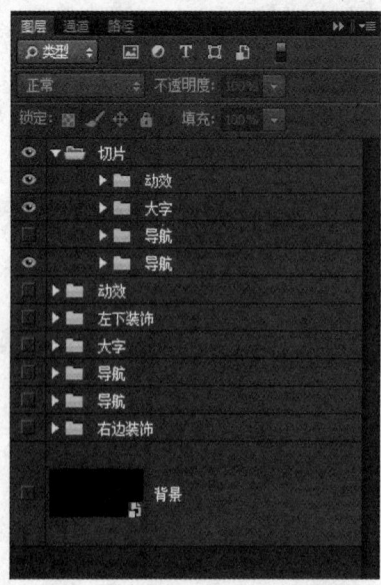

切片图层图

第6章

微课网网站制作

经过网站架构、页面设计和数据库设计，我们终于进入了令人兴奋的编码阶段。当然你的团队或者个人会因为完成任务而离开，但是请注意与他们保持联系，因为在编码的任何阶段你都需要跟他们沟通，他们设计的初衷，或者在你遇到无法解决的实现时，询问他们是不是可以有一个简化的版本来替代原来的设计。当然根据笔者个人的经验，一般来说这是常常发生的事情。

6.1 编写静态代码

在本章里，我们将挑选出微课网中的首页、课程页、笔记页和注册登录页面来详细讲解网站的制作，其他的页面，因为比较相似或者采用了同样结构的代码，所以就不详细讲解。在本章结束后，你可以通过实践练习来完成作业页面的编写。

6.1.1 首页的制作

首页是网站的门面，对全网站具有导航作用，大大的宣传词，简单清爽的文字，然后就是各种导航入口，让用户站在十字路口，然后选择你想去哪里。

首先回顾一下我们的首页设计稿，在第 5 章已经创建过首页，现在在 Dreamweaver 里面逐步实现它。

1. 整体布局

新建一个 HTML5 文档，在文档的头部加入第 3 章所介绍的 Bootstrap 的头文件。

程序清单 6-1：首页头部内容

```
1   <head>
2     <meta charset="utf-8">
3     <meta http-equiv="X-UA-Compatible" content="IE=edge">
4     <meta name="viewport" content="width=device-width, initial-scale=1">
```

```
5      <meta name="description" content="">
6      <meta name="author" content="">
7      <link rel="icon" href="../favicon.ico">
8      <title>index</title>
9      <!-- Bootstrap core CSS -->
10     <link href="dist/css/bootstrap.min.css" rel="stylesheet">
11     <!-- Just for debugging purposes. Don't actually copy these 2 lines! -->
12     <!--[if lt IE9]><script src="../../assets/js/ie8-responsive-file-warning.js"></script> <![endif]-->
13     <script src="assets/js/ie-emulation-modes-warning.js"></script>
14     <!-- IE10 viewport hack for Surface/desktop Windows 8 bug -->
15     <script src="assets/js/ie10-viewport-bug-workaround.js"></script>
16     <!-- HTML5 shim and Respond.js IE8 support of HTML5 elements and media queries -->
17     <!--[if lt IE 9]>
18         <script src="https://oss.maxcdn.com/html5shiv/3.7.2/html5shiv.min.js"></script>
19         <script src="https://oss.maxcdn.com/respond/1.4.2/respond.min.js"></script>
20     <![endif]-->
21     <!-- Custom styles for this template -->
22     <link href="css/carousel.css" rel="stylesheet">
23     <style>
24     </style>
28   </head>
```

这个部分无需任何解释，只是 Bootstrap 自动生成的头部。

2. 导航

搭建好后，我们从页面的头部导航开始，先来看一下导航的详细样子，导航条是在您的应用或网站中作为导航页头的响应式基础组件。它们在移动设备上可以折叠（并且可开可关），且在视口（viewport）宽度增加时逐渐变为水平展开模式。如图 6-1 所示。

图 6-1　导航栏代码

程序清单 6-2：导航栏

```
1    <div class="navbar navbar-inverse navbar-static-top" role="navigation">
2         <div class="container">
3             <div class="navbar-header">
4                 <button type="button" class="navbar-toggle" data-toggle="collapse" data-target=".navbar-
                     collapse">
5                   <span class="sr-only">Toggle navigation</span>
6                   <span class="icon-bar"></span>
7                   <span class="icon-bar"></span>
8                   <span class="icon-bar"></span>
9                 </button>
10                <a class="navbar-brand" href="#"></a>
11            </div>
```

12	`<div class="navbar-collapse collapse">`
13	`<ul class="nav navbar-nav">`
14	`<li class="active"><a href="#">首页</a></li>`
15	`<li><a href="#">课程</a></li>`
16	`<li><a href="#">讨论</a></li>`
17	`<li><a href="#">欣赏</a>`
18	`</li>`
19	`</ul>`
20	`</div>`
21	`</div>`
22	`</div>`

下面我们逐条讲解代码，以期读者对它有深刻的了解。

第 1 行中，我们把使用 Bootstrap 的 navbar 系列类来形式化一个 div，通过添加.navbar-static-top 即可创建一个页面的导航条。它会随着页面向下滚动而消失。通过添加.navbar-inverse 类可以改变导航条的外观。加上 role="navigation"，就可以让浏览器知晓这是一个导航容器而不是一个普通的容器。

第 2 行中，使用 Bootstrap 栅格系统用于通过一系列的行（row）与列（column）的组合来创建页面布局，你的内容就可以放入这些创建好的布局中。"行（row)"必须包含在 .container（固定宽度）或 .container-fluid （100%宽度）中，以便为其赋予合适的排列（aligment）和内补（padding）（请参阅 3.1.1）。

第 3 行中，向 <div> 元素添加一个标题 class .navbar-header，内部包含了带有 class navbar-brand 的 <a> 元素。这会让文本看起来更大一号。

第 4 行中，为了给导航栏添加响应式特性，要折叠的内容必须包裹在带有 classes .collapse、.navbar-collapse 的 <div> 中。折叠起来的导航栏实际上是一个带有 class .navbar-toggle 及两个 data- 元素的按钮。第一个是 data-toggle，用于告诉 JavaScript 需要对按钮做什么，第二个是 data-target，指示要切换到哪一个元素。

第 5 行~第 9 行，三个带有 class .icon-bar 的 <span> 创建所谓的汉堡按钮。这些会切换为 .nav-collapse <div> 中的元素。

3. 轮播图

首页轮播图如图 6-2 所示。

图 6-2 首页轮播图

程序清单 6-3：首页轮播图

1	`<div id="myCarousel" class="carousel slide" data-ride="carousel">`
	`<!-- 轮播（Carousel）指标 -->`

```
2        <ol class="carousel-indicators">
3          <li data-target="#myCarousel" data-slide-to="0" class="active"></li>
4          <li data-target="#myCarousel" data-slide-to="1"></li>
5          <li data-target="#myCarousel" data-slide-to="2"></li>
6        </ol>
         <!-- 轮播（Carousel）项目 -->
7        <div class="carousel-inner">
8          <div class="item active">
9            <img src="image/first.jpg"alt="First slide">
10           <div class="container">
11             <div class="carousel-caption">
12               <h1>After Effect</h1>
13               <p>AE 的课程，让大家都可以做出哈利波特</p>
14               <p><a class="btn btn-lg btn-primary" href="#" role="button">Sign up today</a></p>
15             </div>
16           </div>
17         </div>
18         <div class="item">
19           <img src="image/first.jpg" alt="Second slide">
20           <div class="container">
21             <div class="carousel-caption">
22               <h1>摄影摄像技术</h1>
23               <p>你想拍摄出美丽的图片吗?请跟我来哦</p>
24               <p><a class="btn btn-lg btn-primary" href="#" role="button">Learn more</a></p>
25             </div>
26           </div>
27         </div>
28         <div class="item">
29           <img src="image/first.jpg" alt="Third slide">
30           <div class="container">
31             <div class="carousel-caption">
32               <h1>photoshop</h1>
33               <p>精美的 PS 图片，这个课程会带我们去领略 PS 的美丽</p>
34               <p><a class="btn btn-lg btn-primary" href="#" role="button">Browse gallery</a></p>
35             </div>
36           </div>
37         </div>
38       </div>
             <!-- 轮播（Carousel）导航 -->
39       <a class="left carousel-control" href="#myCarousel" role="button" data-slide="prev"><span class=
         "glyphicon glyphicon-chevron-left"></span></a>
40       <a class="right carousel-control" href="#myCarousel" role="button" data-slide="next"><span class=
         "glyphicon glyphicon-chevron-right" ></span></a>
41     </div>
```

下面我们逐条讲解代码。

Bootstrap 轮播插件结构比较固定，轮播包含框需要指明 ID 值和 carousel、slide 类。框内包含三部分组件：标签框（carousel-indicators）图文内容框（carousel-inner）和左右导航按钮

（carousel-control）。通过 data-target="carousel_box"属性启动轮播，使用 data-slide-to="0"、data-slide="prev"、data-slide="next"定义交互组件按钮的行为。

第1行，Bootstrap 轮播（Carousel）插件是一种灵活的响应式的向站点添加滑块的方式。除此之外，内容也是足够灵活的，可以是图像、内嵌框架、视频或者其他您想要放置的任何类型的内容。

第7行，在其结构的基础上，我们来设计本示例的轮播广告位结构。考虑到设计需要，图文内容框（carousel-inner）中包含了多层内嵌结构。标签框通过有序列表结构定义(<ol class="carousel-indicators">)。图文内容框（carousel-inner）中每个图文项目使用<div class=" item active ">定义，在该项目中使用<div class="carousel-caption">定义轮播图的标签文字框，并借助于 Bootstrap 的栅格系统设计两列布局版式。

第39行中，通过定义（class="right carousel-control"），用于显示左右箭头，可以改变轮播的方向。

4. 课程推荐

课程推荐如图 6-3 所示。

图 6-3　课程推荐

程序清单 6-4：课程推荐

```
1    <div class="row">
2            <div class="col-sm-6 col-md-3">
3            <a href="#" class="thumbnail">
4                <img src="image/ third.jpg"   alt="通用的占位符缩略图">
5                <p>一些示例文本。一些示例文本。</p>
6            </a>
7            </div>
8        <div class="col-sm-6 col-md-3">
9            <a href="#" class="thumbnail">
10               <img src="image/second.jpg"   alt="通用的占位符缩略图">
11               <p>一些示例文本。一些示例文本。</p>
12            </a>
13      </div>
14          <div class="col-sm-6 col-md-3">
15          <a href="#" class="thumbnail">
16              <img src="image/ third.jpg"   alt="通用的占位符缩略图">
17              <p>一些示例文本。一些示例文本。</p>
18          </a>
19      </div>
20          <div class="col-sm-6 col-md-3">
21          <a href="#" class="thumbnail">
22              <img src="image/second.jpg"   alt="通用的占位符缩略图">
23              <p>一些示例文本。一些示例文本。</p>
```

```
24              </a>
25           </div>
26        </div>
```

第 1 行通过"行（row）"在水平方向创建一组"列（column）"。

第 2 行类似 .row 和 .col-sm-6 col-md-3 这种预定义的类，可以用来快速创建栅格布局。Bootstrap 源码中定义的 mixin 也可以用来创建语义化的布局。

第 3 行 thumbnail 类创建缩略图类。因为大多数站点都需要在网格中布局图像、视频、文本等。Bootstrap 通过缩略图为此提供了一种简便的方式。使用时在图像周围添加带有 class .thumbnail 的 <a> 标签。这会添加四个像素的内边距（padding）和一个灰色的边框。当鼠标悬停在图像上时，会动画显示出图像的轮廓。

6.1.2　课程页面的制作

课程页面在网站中是非常重要的，许多来学习的学习者都是直接进入课程页面挑选课程来学习的。回顾一下我们的课程设计稿，在第 5 章的时候已经创建过，现在在 Dreamweaver 里面逐步实现它。

1. 课程页面导航栏

图 6-4　课程页面导航栏

程序清单 6-5：页面导航栏

```
1   <div class="navbar navbar-fixed-top" role="navigation">
2   <div class="container">
3      <div class="navbar-header">
4         <button type="button" class="navbar-toggle collapsed" data-toggle="collapse"    data-target=
            ".navbar-collapse">
5           <span class="sr-only"></span>
6           <span class="icon-bar"></span>
7           <span class="icon-bar"></span>
8           <span class="icon-bar"></span>
9         </button>
10        <a class="navbar-brand" href="#"><img src="image/logo_big_1.png"></a>
11      </div>
12      <div class="navbar-collapse collapse">
13        <ul class="nav navbar-nav">
14          <li><a href="#">首页</a></li>
15          <li><a href="#about">课程</a></li>
16          <li><a href="#contact">讨论</a></li>
17          <li><a href="#">欣赏</a>
18            </li>
19        </ul>
20      </div>
```

```
21          </div>
22          </div>
```

第 1 行中，把使用 Bootstrap 的 navbar 系列类来形式化一个 div，通过添加.navbar-fixed-top 即可创建一个页面的导航条。它会随着页面向下滚动而随之向下。加上 role="navigation"，就可以让浏览器知晓这是一个导航容器而不是一个普通的容器。

第 2 行中，使用 Bootstrap 栅格系统用于通过一系列的行（row）与列（column）的组合来创建页面布局，你的内容就可以放入这些创建好的布局中。"行（row）"必须包含在 .container（固定宽度）或 .container-fluid （100% 宽度）中，以便为其赋予合适的排列（aligment）和内补（padding）。

第 3 行中，向 <div> 元素添加一个标题 class .navbar-header，内部包含了带有 class navbar-brand 的 <a> 元素。这会让文本看起来更大一号。

第 4 行中，为了给导航栏添加响应式特性，要折叠的内容必须包裹在带有 classes. collapse、.navbar-collapse 的<div> 中。折叠起来的导航栏实际上是一个带有 class .navbar-toggle 及两个 data- 元素的按钮。

2. 标签式导航菜单

标签式导航菜单如图 6-5 所示。

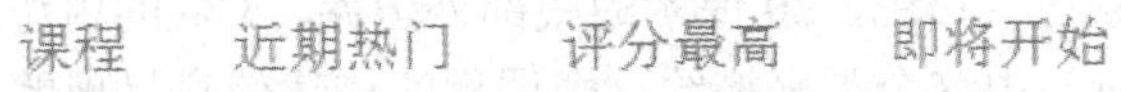

课程   近期热门   评分最高   即将开始

图 6-5 标签式导航菜单

程序清单 6-6：标签式导航菜单

```
1          <ol class="nav    nav-tabs">
2              <li><a href="#">课程</a></li>
3              <li><a href="#">近期热门</a></li>
4              <li><a href="#">评分最高</a></li>
5              <li><a href="#">即将开始</a></li>
6          </ol>
```

第1行中，通过添加.nav   nav-tabs成为标签页，Bootstrap 中的导航组件都依赖同一个 .nav 类，状态类也是共用的。.nav-tabs 类也依赖 .nav 基类。以一个带有 class .nav 的无序列表开始创建一个标签式的导航菜单，再添加 class .nav-tabs。

后续的其他行中把需要的导航以列表形式放入就可以了。

3. 课程简介

课程简介如图 6-6 所示。

photoshop的一门课程，讲的很好，很精炼。
评分： 专业：平面设计
时间：2014-08-05

图 6-6 课程简介

程序清单 6-7：课程简介

```
1              <div class="blog-post">
2                <div class="row">
3                  <div class="col-sm-5 ">
4                    <img class="img-responsive" src="image/kecheng.jpg">
5                  </div>
6                  <div class="col-sm-7 blog-sidebar">
7                    <p>Understanding Media By Understanding<br>评分：7.7 专业：信息技术系
                     <br>时间：2014-07-07<br>学校：温州职业技术学院</p>
8                  </div>
9                </div>
10             </div><!-- /.blog-post -->
```

第 1 行中，blog-post 这个类，打开 kecheng.css 文件可以看到它的样式：

```
.blog-post {
    margin-bottom: 20px;
    background-color:#fff;
    padding:3%;
}
```

它设置了该 div 的背景色为白色，20 像素的底部外边界，3% 的内边距。在第 6 行中也用到了类似的类 .blog-sidebar，由这个类来描绘这个课程的描述信息呈现的样式。

第 4 行 img-responsive 这个类是自适应图像类，它用来让图像自适应页面大小变化。它是 Bootstrap 的一个样式类，只要加入了 bootstrap.min.css 这个文件，就可以使用这个类。

4. 页码

页码导航如图 6-7 所示。

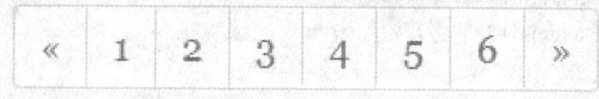

图 6-7　页码导航

程序清单 6-8：页码

```
1    <nav>
2      <ul class="pagination">
3        <li>
4          <a href="#" aria-label="Previous">
5            <span aria-hidden="true">&laquo;</span>
6          </a>
7        </li>
8        <li><a href="#">1</a></li>
9        <li><a href="#">2</a></li>
10       <li><a href="#">3</a></li>
```

```
11        <li><a href="#">4</a></li>
12        <li><a href="#">5</a></li>
13        <li><a href="#">6</a></li>
14        <li>
15          <a href="#" aria-label="Next">
16            <span aria-hidden="true">&raquo;</span>
17          </a>
18        </li>
19      </ul>
20    </nav>
```

页码是每一个页面都需要用到的组件，第 2 行中，页码（Pagination）也是非常常用的页面要素，Bootstrap 提供两种风格的翻页组件。一个是多页面导航，用于多个页码的跳转，它具有极简主义风格的翻页提示，能够很好地应用在结果搜索页面。

6.1.3　笔记详情页面的制作

这张页面是微课网站的经典页面，因为很多论坛、贴吧式的页面信息都是这样的标准模式。在本项目微课网中，笔记详情，讨论详情等各种详情页面用的都是这个页面模板，可以说，这个页面模板派生了很多形式多样，功能相似的页面。整个笔记详情页面非常简单，除了标准的导航头部外，上面是笔记的详情，下面是对该笔记的回复，如图 6-8 所示。

因为标准导航头部的代码已经在课程页面介绍过了，也就是 6.1.2 节。因此下面只展示出不同的模块代码。

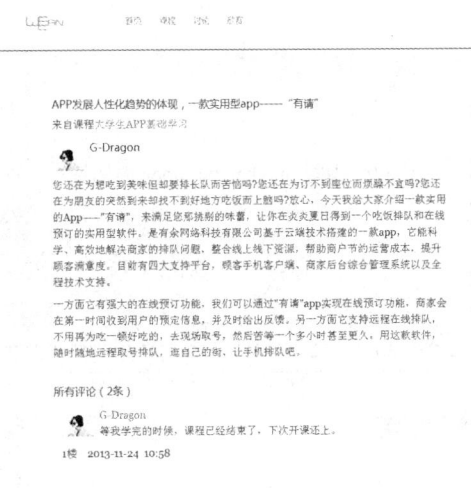

图 6-8　笔记详情页面

程序清单 6-9：笔记详情

```
1   <div class="navbar-wrapper">
2     <div class="container">
3       <div class="row">
4         <div class="col-sm-8 blog-main">
5           <div class="row">
```

6	<div class="col-md-12">
7	<h4>APP 发展人性化趋势的体现，一款实用型 app——"有请"</h4>
8	<p>来自课程<a href="#">大学生 APP 基础学习</a></p>
9	<div class="media">
10	<a href="#" class="pull-left"><img src="image/biji_tu_1.jpg" class="media-object" alt=" /></a>
11	<div class="media-body">
12	<h4 class="media-heading">
13	G-Dragon
14	</h4>
15	</div><!-- END THE media-body-->
16	</div><!-- END THE media -->
17	<p> 您还在为想吃到美味但却要排长队而苦恼吗?您 </p>
18	<p>一方面它有强大的在线预订功能，我们可以 </p>
19	<hr>

第 1 行<div class="navbar-wrapper">中类 navbar-wrapper 的作用是在网页主体内容和导航之间形成一个边距。如图 6-9 所示为加了<div class="navbar-wrapper">这一句代码的效果，如图 6-10 所示，是不加<div class="navbar-wrapper">代码的效果。

图 6-9　加了 navbar-wrapper 类标签

图 6-10　没有增加 navbar-wrapper 类标签

第 9～12 行的.media 类为页面上笔记的发布者信息提供好看的样式。

6.1.4　登录注册页面的制作

登录页面是每一个网站都需要的。登录页面由一张表单组成，如图 6-11 所示。

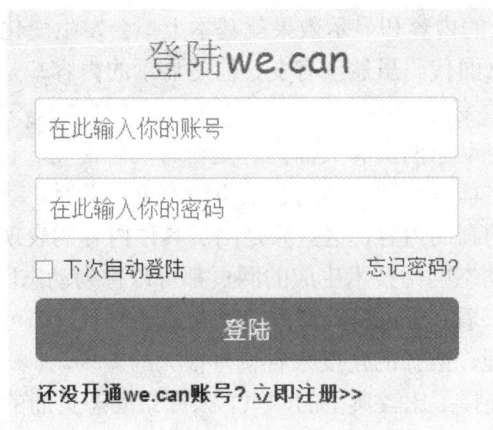

图 6-11 登录页面

程序清单 6-10：登录页

```
1    <form   method = "post" action=""class="form-signin" role="form">
2        <h2 class="form-signin-heading">登录 we.can</h2>
3            <input type="text" id="username" name="username" class="form-control" placeholder="在
             此输入你的账号" value=""   required autofocus>
4    <input type="password" id="password" name="userpassword" class="form-control" placeholder="
     在此输入你的密码"   required>
5    <div class="checkbox">
6      <label style="font-size:15px;">
7        <input type="checkbox" value="remember-me"> 下次自动登录
8      </label >
9      <label style="font-size:15px;float:right;"><a href="#" >忘记密码?</a></label>
10   </div>
11       <button class="btn btn-lg btn-primary btn-block" type="submit" name="submit">登录</button>
12   <label style="font-size:15px;">
13       还没开通 we.can 账号? <label><a href="#">立即注册>></a>
14       </label>
15   </form>
```

第 1 行中，form 表单要引用 bootstrap 的表单样式 form-signin，然后里面的布局也要用它相应的样式。

第 2 行中，两个输入框中间的 div 是故意加上去的，为了防止两个输入框贴在一起，input 标签里面的 required 属性则是必填，加了这个属性后，输入框为空时，单击"提交"按钮会提示用户输入，input 标签里的 autofocus 属性则是自动获得焦点，在页面加载时，用户名这个输入框会自动获得焦点。

6.2 后台脚本编写

在本节中，你将看到前面我们编写好的静态代码会加入 PHP 语言变成动态的。首先理解一下动态的概念。所谓的动态网页，是指跟静态网页相对的一种网页编程技术。静态网页，随着 html 代码的生成，页面的内容和显示效果就基本上不会发生变化了——除非你修改页面代码。而动态网页则不然，页面代码虽然没有变，但是显示的内容却是可以随着时间、环境或者数据库操作的结果而发生改变的。

值得强调的是，不要将动态网页和页面内容是否有动感混为一谈。这里说的动态网页，与网页上的各种动画、滚动字幕等视觉上的动态效果没有直接关系，动态网页也可以是纯文字内容的，也可以是包含各种动画的内容，这些只是网页具体内容的表现形式，无论网页是否具有动态效果，只要是采用了动态网站技术生成的网页都可以称为动态网页。

从网站浏览者的角度来看，无论是动态网页还是静态网页，都可以展示基本的文字和图片信息，但从网站开发、管理、维护的角度来看就有很大的差别。

在这一部分中，我们选择了比较典型的网页，来介绍动态页面的编程过程和与数据库的配合使用。本书素材里提供了.html 的静态页面供读者自行学习，你可以先把要写成动态页面的静态网页打开，另存为.php 文件。也可以直接看我们提供的 PHP 文件。我们会逐个解释要点代码，但是不会把所有的代码都贴在书上。在开始新的篇章之前，要学习如何使用 PHP 连接 MySQL。下面提供两种连接方式，读者可以自行选择。

利用 Dreamweaver 自动连接 PHP 与 MySQL

Dreamweaver 为我们提供了一个简便的方式连接 PHP 与 MySQL。

使用 Mysqli_*函数

我们已经了解到 Dreamweaver 自动连接 MySQL 和 PHP 使用的是 mysql_函数组，然而从新的 Mysql4.13 版开始，MySQL 数据库系统包含了在 PHP 中强制使用新的通信方法的功能，这些方法全部包含在 mysqli_*函数组中。因此下面介绍使用函数组进行连接。

1. 进行连接

连接到 MySQL 的基本语法如下：

```
$mysqli = mysqli_connect("hostname","username","password","database");
```

$mysqli 的值是函数的结果，并随后用在与 MySQL 通信的函数中。以本项目为例。

程序清单 6-11：简单的连接脚本

```
1   $hostname_wk = "localhost";
2   $database_wk = "wk";
3   $username_wk = "root";
4   $password_wk = "";
5   $wk = mysqli_connect($hostname_wk, $username_wk, $password_wk, $database_wk);
6   If(mysqli_connect_errno()){
7      printf("connect failed:%s\n", connect_errno());
8      exit();
9   }else{
10     printf("Host information:%s\n",mysqli_get_host_info($mysqli));
11  }
```

把这个脚本保存为 wk.php，并且放在 Web 服务器的文档区域。使用浏览器访问，如果连接成功会看到如下所示结果：

```
Host information: localhost via TCP/IP
```

如果连接失败，则会显示一条错误消息。

2. 执行查询

PHP 中的函数 mysqli_query()用来向 MySQL 发送 SQL 查询。在脚本中，首先进行连接，然后执行一个查询。

6.2.1 首页的动态页面制作

首页的动态部分包含了大量的数据查询和数据操作。我们先从数据库中的表开始。考虑首页的功能，它包含下面这些部分：课程，广告（巨幕部分），专题。下面分别介绍每个项目元素。

在 5.1.2 这一节中，我们曾经给出过本项目所有的数据库表。此处不再详细解释每一张的含义了。由于动态脚本包括非常多的部分，这里只挑选相对重要的部分进行阐述。

1. 巨幕模块的动态脚本

大型的巨幕是浏览者一打开网站首先映入眼帘的部分。内容包括各类首推的广告，热门的课程广告，专题广告等。该部分的图片都非常精美而且精心设计。因此设计数据表的时候，已经考虑了巨幕部分的特殊性，为巨幕部分单独设计了图片类型"jumbotron"。

程序清单 6-12：巨幕动态脚本

```
1   mysql_select_db($database_wk, $wk);
2   $query_indexjumbotron = " SELECT *
3   FROM picture
4   INNER JOIN pictureobj
5   ON picture.pictureID = pictureobj.pictureID AND picture.Pictureclass ='jumbotron'
6   INNER JOIN module ON module.moduleID = pictureobj.ObjectID";
7   $indexjumbotron = mysql_query($query_indexjumbotron, $wk) or die(mysql_error());
8   $totalRows_indexjumbotron = mysql_num_rows($indexjumbotron);
```

第 2 行～第 6 行使用内联查询的方式，查询存在 picture 表，module 表和 pictureobj 表里的跟巨幕相关的数据。

第 7 行，把查询得到的数据存在$indexjumbotron 中。

第 8 行，把查询得到的数据条数存在$totalRows_indexjumbotron 中。

得到查询数据后，修改程序清单 6-3，加入动态语句，如程序清单 6-13 所示。

程序清单 6-13：首页轮播图动态脚本

```
1    <div id="myCarousel" class="carousel slide" data-ride="carousel">
2      <!-- Indicators -->
3      <ol class="carousel-indicators">
4        <li data-target="#myCarousel" data-slide-to="0" class="active"></li>
5        <li data-target="#myCarousel" data-slide-to="1"></li>
6        <li data-target="#myCarousel" data-slide-to="2"></li>
7      </ol>
8      <div class="carousel-inner">
9        <div class="item active">
10         <?php $row_indexjumbotron = mysql_fetch_array($indexjumbotron);?>
11         <?php echo "<img src=\"".$row_indexjumbotron['Pictureadd']."\"alt=\"First slide\">";    ?>
12         <div class="container">
13           <div class="carousel-caption">
14             <h1><?php echo $row_indexjumbotron['ModuleName'];?></h1>
```

```
15              <p><?php echo $row_indexjumbotron['PictureIntr'];?></p>
16              <p><a class="btn btn-lg btn-primary" href="#" role="button">Sign up today</a></p>
17            </div>
18          </div>
19        </div>
20        <?php while($row_indexjumbotron = mysql_fetch_array($indexjumbotron)){?>
21        <div class="item">
22          <?php echo "<img src=\"".$row_indexjumbotron['Pictureadd']."\"alt=\"First slide\">";      ?>
23          <div class="container">
24            <div class="carousel-caption">
25              <h1><?php echo $row_indexjumbotron['ModuleName'];?></h1>
26              <p><?php echo $row_indexjumbotron['PictureIntr'];?></p>
27              <p><a class="btn btn-lg btn-primary" href="#" role="button">Learn more</a></p>
28            </div>
29          </div>
30        </div>
31        <?php }?>
32      </div>
33      <a class="left carousel-control" href="#myCarousel" role="button" data-slide="prev"><span class=
          "glyphicon glyphicon-chevron-left"></span></a>
34      <a class="right carousel-control" href="#myCarousel" role="button" data-slide="next"><span class=
          "glyphicon glyphicon-chevron-right" ></span></a>
35    </div>
```

在对程序清单 6-13 的学习中，我们了解到，这里需要图片的地址数据和课程名称数据。这些数据都保存在变量$row_indexjumbotron 中。

在第 10 行，用$row_indexjumbotron 保存获得的第一个巨幕的数据。

在第 11 行中，把$row_indexjumbotron['Pictureadd']图片地址取出来给图片标签的 src 属性。

在第 14 行中，在标题 1 标签中加入课程名字$row_indexjumbotron['ModuleName']。

第 15 行，在段落标签中加入图片介绍说明$row_indexjumbotron['PictureIntr']。

第 20 行，用 while()语句，取出其他的巨幕图片数据，包括课程名字，图片简介等。

第 21～31 行，循环在浏览器输出巨幕内容。

2. 热门课程

热门课程部分的数据需要课程图片，课程说明，课程编号，课程点击率等。本网站对热门的定义是用户点击率最高的为最热门课程。在数据库 module 表中 ModuleClickRate 字段保存着用户的点击次数。因此这部分的查询内容为：

程序清单 6-14：热门课程查询

```
1   mysql_select_db($database_wk, $wk);
2   $query_hotmodule = " SELECT *
3   FROM module
4   INNER JOIN pictureobj ON module.moduleID = pictureobj.ObjectID
5   INNER JOIN picture ON picture.pictureID = pictureobj.pictureID
6   AND picture.Pictureclass = 'ModuleThumbnail'
7   ORDER BY module.ModuleClickRate DESC
8   LIMIT 0 , 4 ";
```

```
9    $hotmodule = mysql_query($query_hotmodule, $wk) or die(mysql_error());
10   $totalRows_hotmodule = mysql_num_rows($hotmodule);
```

第 2～8 行用内联的方式组合查询数据语句,降序排列(第 7 行 DESC)、取前四位(第 8 行)。

第 9 行,把数据从数据库中查询出来。存到$hotmodule 变量中。

第 10 行,获得数据个数$totalRows_hotmodule。

得到查询结果后,对热门课程部分的静态脚本程序清单 6-14 进行修改。这部分的代码非常简单。

程序清单 6-15:热门课程动态脚本

```
1    <div class="zi">
2        <h2>热门课程</h2>
3        </div>
4        <div class="row">
5      <!-- Three columns of text below the carousel -->
6      <?php while($row_hotmodule = mysql_fetch_array($hotmodule)){?>
7      <div class="col-sm-6 col-md-3">
8      <a href="#" class="thumbnail">
9          <?php echo "<img src=\"".$row_hotmodule['Pictureadd']."\"alt=\"热门课程\">"; ?>
10          <p><?php echo $row_hotmodule['ModuleName'];?></p>
11      </a>
12   </div>
13   <?php }?>
14   </div><!-- /.row -->
```

第 6～10 行中,用 while 语句获得查询得到的热门课程的数据,$row_hotmodule['Pictureadd']填入热门课程的缩略图,$row_hotmodule['ModuleName']填入课程名字里面。

3. 最新专题

在热门课程下面是首页,很重要的另外一部分,最新专题,在这里使用了与热门课程不一样的 UI 元素 media 类。

程序清单 6-16:最新专题查询脚本

```
mysql_select_db($database_wk, $wk);
$query_topicmodule = " SELECT *
FROM module
INNER JOIN topicmodule ON module.moduleID = topicmodule.ModuleID
INNER JOIN topic ON topic.topicID = topicmodule.ModuleID
INNER JOIN pictureobj ON module.moduleID = pictureobj.ObjectID
INNER JOIN picture ON picture.pictureID = pictureobj.pictureID
AND picture.Pictureclass = 'ModuleThumbnail'
ORDER BY topic.topicstart DESC
LIMIT 0,2 ";
$topicmodule = mysql_query($query_topicmodule, $wk) or die(mysql_error());
$totalRows_topicmodule = mysql_num_rows($topicmodule);
```

这部分实现最新专题的查询功能,从数据库中获得最新的专题项目,ORDER BY

topic.topicstart DESC，按项目开始时间降序排序。

程序清单 6-17：最新专题动态脚本

```
1   <div class="media">
2   <a href="#" class="pull-left"><img src="image/icon1.png" class="media-object"    alt=" /></a>
3    <div class="media-body">
4      <h4 class="media-heading">
5      最新专题
6      </h4>
7      <ul>
8        <?php while($row_topicmodule = mysql_fetch_array($topicmodule)){?>
9        <li><a href="#"><?php echo $row_topicmodule['topicName'];?></a></li>
10         <?php }?>
11   </ul>
12 </div><!-- END THE media-body-->
13 </div><!-- END THE media -->
```

这一段代码跟上一程序清单 6-15 一样，用 while 语句获得查询得到的热门专题的数据并且放入$row_topicmodule 变量中，这里的链接<a href="#">应该链接到专题详情的部分。作为练习，请读者自行补全。

6.2.2 课程页面的动态页面制作

课程页面包含全部课程、近期热门课程、评分最高和即将开始的课程，在课程分类处，包含以语言、课程内容、课程所在行业分类。课程页面的动态脚本非常复杂，作者按照页面的模块介绍，并且在提供的附件 kecheng10.php 里面，也有代码行注释。因为涉及非常多的分类部分，但是除了分类的内容不同，其他的都类似，因此也只是介绍重点的内容，其他部分，也请读者自行查看 kecheng10.php。

观察课程页面，不管哪种分类，我们都需要输出课程内容和页码，如图 6-12 和图 6-13 所示。

Photoshop的一门课程，讲的很好，很精炼。
评分： 专业：平面设计
时间：2014-08-05

图 6-12 课程内容

图 6-13 页码

为此编写了 2 个函数可以复用，以增加效率。

1. 输出课程内容函数

该函数用来输出课程内容。我们把静态代码程序清单 6-17 进行修改如课程清单 6-18 所示。

程序清单 6-18：输出课程内容函数

```
1  function Module_classfy_query($moduleq){
2  $totalRows_module = mysql_num_rows($moduleq);
3  if($totalRows_module < 1){
4  $dplay_block = <<<END_OF_TEXT
5  <div class="blog-post">
6   <div class="row">
7       <div class="col-md-5 col-sm-5" >
8         <img class="img-responsive" src="../image/icon3.png">
9       </div>
10        <div class="col-md-7 col-sm-6 blog-sidebar">
11         <h2>没有该类课程，试试别的吧！</h2>
12  </div>
13    </div>
14            </div>
15 END_OF_TEXT;
16   echo $dplay_block;
17   }else{
18     while($row_module = mysql_fetch_array($moduleq)){
19  $dplay_block = <<<END_OF_TEXT
20  <div class="blog-post">
21  <div class="row">
22       <div class="col-md-5 col-sm-5" >
23 END_OF_TEXT;
24   $dplay_block .= "<img class=\"img-responsive\" src=\"".$row_module['Pictureadd']."\">";
25   $dplay_block .= "</div>";
26   $dplay_block .= "<div class=\"col-md-7 col-sm-6 blog-sidebar\">";
27   $dplay_block .= "<p>".$row_module['ModuleIntr']."<br>评分：".$row_modulee['GradeName']." 
   专业：".$row_module['classIndustry']."<br>时间：".$row_module['Moduletime']."</p>";
28   $dplay_block .= "</div>";
29   $dplay_block .= "</div>";
30   $dplay_block .= "</div>";
31   echo $dplay_block;
32     }
33     }/*else*/
34 }
```

这个函数有一个参数$moduleq，用来接收查询而得的数据内容，if($totalRows_module < 1)

如果行数为 0，说明该分类中没有数据。第 4～15 行，使用了 heredoc 格式将一个字符串存储到$dplay_block 变量中，创建了输出没有该类内容的提示信息。在 heredoc 格式中，字符串分隔符可能是<<后面的任何字符串识别符，只要最终的结束标志符单独一行即可。正如你在第 15 行所见到的那样。

第 16 行输出代码块$dplay_block 字符串。

第 17 行，如果$totalRows_module 中行数不等于 0，在后面的第 19～31 行中，把查询出来的符合该分类的课程内容打印出来。我们看到，第 22 行之前使用了 heredoc 格式，第 23 行以后都是标准的 PHP 输出格式，从这个对比中我们可以发现，heredoc 格式非常简洁和优雅，建议读者都采用这个格式进行大块代码的输出。

2. 输出页码函数

在页面的最后，需要输出页码，查询出来很多数据的时候，不能都放到一张页面里，因此需要输出页码，以供用户翻页。

程序清单 6-19：输出页码函数

```
1    function pagination($totalrow,$curr_page,$menuclass){
2    $per_page =1;
3    if($totalrow%$per_page >0){
4    $pagenav = ($totalrow/$per_page)+1;}
5    else{
6        $pagenav = ($totalrow/$per_page);}
7        settype($pagenav,'integer');
8    $dplay_page = "<div class =\"col--xs-12\">";
9    $dplay_page .= "<ul class=\"pagination\" >";
10   if($curr_page==1){
11       $pagel=$curr_page;
12       $pager=$curr_page+1;
13   }else if($curr_page==$pagenav){
14       $pagel=$curr_page-1;
15       $pager=$curr_page;
16       }else {
17     $pagel=$curr_page-1;
18     $pager=$curr_page+1;
19       }
20   $dplay_page .= "<li><a href = \"".$_SERVER['PHP_SELF']."?page=".$pagel."&". $menuclass."\">&laquo;</a></li>";
21   for($cur=1;$cur<=$pagenav;$cur++)
22   {
23   $dplay_page .= "<li><a href=\"".$_SERVER['PHP_SELF']."?page=".$cur." &".$menuclass."\">".$cur."</a></li>";
24   } $dplay_page .=   "<li><a href=\"".$_SERVER['PHP_SELF']."?page=". $pager."&".$menuclass."\">&raquo;</a></li>";
25   $dplay_page .= "</div>";
26   echo $dplay_page;
27   }
```

在该函数中，参数为$totalrow,$curr_page,$menuclass；含义分别为总行数，当前页码，当前分类。第 2 行设置一页显示的记录数，在这里因为数据库中的示例数据不多，为了展示结果，在这里设置一页只显示 1 行。

第 3 行中判断总的记录个数每页显示的记录数，如果不为 0，则说明有余数，要多加一页 $pagenav = ($totalrow/1)+1;如果为 0 则正好显示完整。

第 7 行对所得的页数变量设置整数类型。

第 10～19 行计算当前页码$curr_page 为第几页，并且判断向前一页$pagel 和向后一页 $pager 分别是第几页。如果是第一页，那么向前一页还是当前页，如果是最后一页，那么向后一页是当前页。其他的情况下，向前一页就是$curr_page +1，向后一页就是$curr_page -1。第 23 行下面的代码块用来输出页码。$_SERVER['PHP_SELF']变量中存储了当前页面，并且以当前页码$cur 和当前分类菜单（也就是课程、近期热门课程、评分最高和即将开始菜单）$menuclass 为参数进行跳转。

3. 全部课程

对于全部课程，只要罗列所有课程即可，但是要注意，我们可以按时间排序或者是以首字母排序。

程序清单 6-20：查询全部课程的脚本

```
1   $safe_ModuleName = mysql_real_escape_string($_GET['ModuleName'],$wk);
2   $safe_Menuclass="ModuleName=".$safe_ModuleName;
3   /*查询课程的内容 */
4   mysql_select_db($database_wk, $wk);
5   $query_module = " SELECT * FROM module INNER JOIN grade ON module.ModuleID =
grade.gradeobID INNER JOIN moduleclassify ON module.ModuleID = moduleclassify.ClassobjID INNER JOIN
classindustry ON moduleclassify.classIndustryID = classindustry.classIndustryID INNER JOIN classmname ON
moduleclassify.classMNameID   =   classmname.classMnameID   INNER   JOIN   classmodulelanguage   ON
moduleclassify.ModuleLanguageID = classmodulelanguage.ModuleLanguageID INNER JOIN pictureobj ON
module.ModuleID = pictureobj.objectID INNER JOIN picture ON picture.PictureID = pictureobj.PictureID AND
pictureobj.ObjectAttr = 'Module'";
6   $module = mysql_query($query_module, $wk) or die(mysql_error());
7   $totalRows_module = mysql_num_rows($module);
8   if(!isset($_GET['page'])) {
9   $query_module = " SELECT * FROM module INNER JOIN grade ON module.ModuleID = grade.
gradeobID INNER  JOIN moduleclassify ON  module.ModuleID = moduleclassify.ClassobjID  INNER  JOIN
classindustry ON moduleclassify.classIndustryID = classindustry.classIndustryID INNER JOIN classmname ON
moduleclassify.classMNameID   =   classmname.classMnameID   INNER   JOIN   classmodulelanguage   ON
moduleclassify.ModuleLanguageID = classmodulelanguage.ModuleLanguageID INNER JOIN pictureobj ON
module.ModuleID = pictureobj.objectID INNER JOIN picture ON picture.PictureID = pictureobj.PictureID AND
pictureobj.ObjectAttr = 'Module' LIMIT 0,".$rowperpage;
10  $cur_page=1;
11  $module = mysql_query($query_module, $wk) or die(mysql_error());
12  Module_classfy_query($module);
13   pagination($totalRows_module,$cur_page,$safe_Menuclass);
14  }else{
15   $cur_page=mysql_real_escape_string($_GET['page'],$wk);
16  $limit_q=$cur_page-1;
17  $query_module_L=  " SELECT * FROM module INNER JOIN grade ON module.ModuleID = grade.
```

gradeobID INNER JOIN moduleclassify ON module.ModuleID = moduleclassify.ClassobjID INNER JOIN classindustry ON moduleclassify.classIndustryID = classindustry.classIndustryID INNER JOIN classmname ON moduleclassify.classMNameID = classmname.classMnameID INNER JOIN classmodulelanguage ON moduleclassify.ModuleLanguageID = classmodulelanguage.ModuleLanguageID INNER JOIN pictureobj ON module.ModuleID = pictureobj.objectID INNER JOIN picture ON picture.PictureID = pictureobj.PictureID AND pictureobj.ObjectAttr = 'Module' LIMIT ".$limit_q.",".$rowperpage;

```
18      $module = mysql_query($query_module_L, $wk) or die(mysql_error());
19      Module_classfy_query($module);
20      pagination($totalRows_module,$cur_page,$safe_Menuclass);
22    }
```

在查询语句脚本里面需要包括课程内容、分类、分类名字、图片、课程语言等非常多的信息，因此，我们联接了 grade、moduleclassify、classindustry、classmname、pictureobj、picture、classmodulelanguage 表。需要关注的是每次查询限制部分。在第 5 行的最后，形成查询语句部分，没有设置限制，就是为了在第 7 行得到所有的记录$totalRows_module = mysql_num_rows($module);以便于计算页码。

第 8 行，当用户刚进入这个页面时，如果没有单击页码查看，需要在页面显示一部分的课程，每页显示的个数保存在变量$rowperpage 中，在程序的最开始定义，清单 6-20 没有显示出来，请参看素材中 kecheng10.php，会看到完整的代码。

第 12 行，调用输出课程函数，第 13 行，调用输出页码函数。

第 14 行，如果用户单击页码查看，那么在第 15 行设置当前页面，第 16 行$limit_q 变量中保存从哪个数据记录开始读取。

第 17 行的末尾，LIMIT ".$limit_q.",".$rowperpage;这部分限制了查询出来的数据，从$limit_q 开始读取一共$rowperpage 条。

后两行同样是调用输出课程函数和输出页码函数。这里请注意，由于输入的数据非常少，因此有些课程是没有显示出来的，所以希望读者能够自行添加数据。

4. 近期热门

近期热门这个二级菜单，罗列了收藏人数较多的课程。

程序清单 6-21：近期热门脚本

```
1    $safe_AttendObID = mysql_real_escape_string($_GET['AttendObID'],$wk);
2    $safe_Menuclass="AttendObID=".$safe_AttendObID;
3    mysql_select_db($database_wk, $wk);
4    $query_module = " SELECT * FROM module INNER JOIN grade ON module.ModuleID = grade.gradeobID INNER JOIN moduleclassify ON module.ModuleID = moduleclassify.ClassobjID INNER JOIN classindustry ON moduleclassify.classIndustryID = classindustry.classIndustryID INNER JOIN classmname ON moduleclassify.classMNameID = classmname.classMnameID INNER JOIN classmodulelanguage ON moduleclassify.ModuleLanguageID = classmodulelanguage.ModuleLanguageID INNER JOIN pictureobj ON module.ModuleID = pictureobj.objectID INNER JOIN picture ON picture.PictureID = pictureobj.PictureID AND pictureobj.ObjectAttr = 'Module' INNER JOIN attendmodule ON module.ModuleID = attendmodule.AttendObID GROUP BY attendmodule.AttendObID
5    ORDER BY COUNT( UserID ) DESC ";
6    $module = mysql_query($query_module, $wk) or die(mysql_error());
7    $totalRows_module = mysql_num_rows($module);
8    if(!isset($_GET['page'])) {
```

```
9        $query_module = " SELECT * FROM module INNER JOIN grade ON module.ModuleID =
grade.gradeobID INNER JOIN moduleclassify ON module.ModuleID = moduleclassify.ClassobjID INNER JOIN
classindustry ON moduleclassify.classIndustryID = classindustry.classIndustryID INNER JOIN classmname ON
moduleclassify.classMNameID = classmname.classMnameID INNER JOIN classmodulelanguage ON
moduleclassify.ModuleLanguageID = classmodulelanguage.ModuleLanguageID INNER JOIN pictureobj ON
module.ModuleID = pictureobj.objectID INNER JOIN picture ON picture.PictureID = pictureobj.PictureID AND
pictureobj.ObjectAttr = 'Module' INNER JOIN attendmodule ON module.ModuleID = attendmodule.AttendObID
GROUP BY attendmodule.AttendObID ORDER BY COUNT( UserID ) DESC LIMIT 0,".$rowperpage;
10       $cur_page=1;
11           $module = mysql_query($query_module, $wk) or die(mysql_error());
12        Module_classfy_query($module);
13         pagination($totalRows_module,$cur_page,$safe_Menuclass);
14       }else{
15               $cur_page=mysql_real_escape_string($_GET['page'],$wk);
16       $limit_q=$cur_page-1;
17       $query_module_L= " SELECT * FROM module INNER JOIN grade ON module.ModuleID =
grade.gradeobID INNER JOIN moduleclassify ON module.ModuleID = moduleclassify.ClassobjID INNER JOIN
classindustry ON moduleclassify.classIndustryID = classindustry.classIndustryID INNER JOIN classmname ON
moduleclassify.classMNameID = classmname.classMnameID INNER JOIN classmodulelanguage ON
moduleclassify.ModuleLanguageID = classmodulelanguage.ModuleLanguageID INNER JOIN pictureobj ON
module.ModuleID = pictureobj.objectID INNER JOIN picture ON picture.PictureID = pictureobj.PictureID AND
pictureobj.ObjectAttr = 'Module' INNER JOIN attendmodule ON module.ModuleID = attendmodule.AttendObID
GROUP BY attendmodule.AttendObID
18       ORDER BY COUNT( UserID ) DESC LIMIT ".$limit_q.",".$rowperpage;
19       $module = mysql_query($query_module_L, $wk) or die(mysql_error());
20        Module_classfy_query($module);
21         pagination($totalRows_module,$cur_page,$safe_Menuclass);
22       }
```

仔细阅读了程序清单 6-20 的读者会发现，程序清单 6-21 与它的结构基本一致。分三块，一块从第 1 行~第 7 行，查询得出近期热门的课程数目，存到$totalRows_module 变量里。第 4 行末尾，ORDER BY COUNT(UserID) DESC LIMIT 0,".$rowperpage;语句的作用为计算单击该门课程的用户 ID 个数，并且降序排列。

第二块从第 8 行~第 13 行，当用户没有单击页码的时候，把热门课程第一页输出来。第三块是从第 14 行开始到最后，当用户单击了某一个页码的时候，把该页码的课程输出来。

二级菜单的其他两类评分最高和即将开始的代码块的语法与课程和热门课程的代码块一样。唯一变化的就是查询的限制。请读者通过阅读素材 kecheng10.php 学习，举一反三。

5．类别内容菜单

课程页有三种分类，按语言分类、按课程内容分类、按行业分类，不同的分类中包含很多项内容，因此动态代码的思路是先获得该分类的内容，再根据该分类的内容查询课程并且输出。

程序清单 6-22：语言类内容脚本

```
<?php
mysql_select_db($database_wk, $wk);
$query_classmodulelanguage = "   SELECT *
FROM classmodulelanguage ";
```

```
$classmodulelanguage = mysql_query($query_classmodulelanguage, $wk) or die(mysql_error());
$totalRows_classmodulelanguage = mysql_num_rows($classmodulelanguage);
    while($row_classmodulelanguage = mysql_fetch_array($classmodulelanguage)){
        $li_ModuleLanguageID = $row_classmodulelanguage['ModuleLanguageID'];
        $li_ModuleLanguage = $row_classmodulelanguage['ModuleLanguage'];
?>
    <li><?php echo "<a href=\"".$_SERVER['PHP_SELF']."?ModuleLanguageID=".$li_
ModuleLanguageID."\">".$li_ModuleLanguage;?></a></li>
    <?php }?>
```

第 1～6 行，按语言分类查询该表，并且获得语言类别，这里实际上得到中文、英文两种语言分类，再加上全部语言一共三个分类项。

第 7 行开始，用 while() 语句把列表项逐个打印出来。值得注意的是，如果查看 kecheng10.php 的话，大家会发现，这段代码是分开写在两个部分的，1～6 行写在页头查询部分，从第 7 行开始写在列表项里。这么做是为了让数据查询脚本和输出脚本分开，让整体程序显得非常利落，当然在前面介绍的几个程序清单中，有些也是把数据查询和输出脚本放在一起的，这也是不得已而为之的。

程序清单 6-23：内容类脚本

```
1    mysql_select_db($database_wk, $wk);
2    $query_classmname = "   SELECT *
3    FROM   classmname   ";
4    $classmname = mysql_query($query_classmname, $wk) or die(mysql_error());
5    $totalRows_classmname = mysql_num_rows($classmname);
6    <ol class="list-unstyled">
7        <li>内容</li>
8      <li><a href="kecheng10.php">全部</a></li>
9    ?php
10    while($row_classmname = mysql_fetch_array($classmname)){
11    i_classMnameID = $row_classmname['classMnameID'];
12    $li_classMname = $row_classmname['classMname'];
13    ?>
14    <li><?php echo "<a href=\"".$_SERVER['PHP_SELF']."?classMnameID=".$li_classMnameID."\">".
      $li_classMname;?></a></li>
15    <?php }?>
16      </ol>
```

这个脚本的输出如图 6-14 所示。

从中可以看出，内容类的脚本形式也跟语言类相似，前面从第 1 行～第 5 行查询内容数据，后面的代码块用来输出内容列表。

最后还有一个按行业分类的代码就不再赘述。请读者自行阅读。

6. 按语言分类菜单

有了分类列表后，每一个分类中包含的课程就用下面的代码输出。

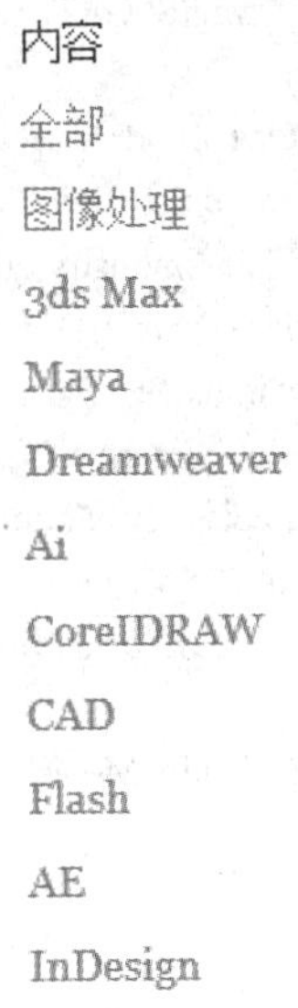

内容

全部

图像处理

3ds Max

Maya

Dreamweaver

Ai

CorelDRAW

CAD

Flash

AE

InDesign

图 6-14　内容分类脚本输出

程序清单 6-24：按语言分类脚本

```
1    $safe_ModuleLanguageID = mysql_real_escape_string($_GET['ModuleLanguageID'],$wk);
2    $safe_Menuclass="ModuleLanguageID=".$safe_ModuleLanguageID;
3    mysql_select_db($database_wk, $wk);
4    $query_module = " SELECT * FROM module INNER JOIN grade ON module.ModuleID =
grade.gradeobID INNER JOIN moduleclassify ON module.ModuleID = moduleclassify.ClassobjID INNER JOIN
classindustry ON moduleclassify.classIndustryID = classindustry.classIndustryID INNER JOIN classmname ON
moduleclassify.classMNameID = classmname.classMnameID INNER JOIN classmodulelanguage ON moduleclassify.
ModuleLanguageID = classmodulelanguage.ModuleLanguageID INNER JOIN pictureobj ON module.ModuleID =
pictureobj.objectID INNER JOIN picture ON picture.PictureID = pictureobj.PictureID AND pictureobj.ObjectAttr =
'Module' WHERE moduleclassify.ModuleLanguageID ="'.$safe_ModuleLanguageID.'" ORDER BY module.
ModuleName ";
5      $module = mysql_query($query_module, $wk) or die(mysql_error());
6      $totalRows_module = mysql_num_rows($module);
7      if(!isset($_GET['page'])) {
8      $query_module = " SELECT * FROM module INNER JOIN grade ON module.ModuleID =
grade.gradeobID INNER JOIN moduleclassify ON module.ModuleID = moduleclassify.ClassobjID INNER JOIN
classindustry ON moduleclassify.classIndustryID = classindustry.classIndustryID INNER JOIN classmname ON
moduleclassify.classMNameID = classmname.classMnameID INNER JOIN classmodulelanguage ON moduleclassify.
ModuleLanguageID = classmodulelanguage.ModuleLanguageID INNER JOIN pictureobj ON module.ModuleID =
pictureobj.objectID INNER JOIN picture ON picture.PictureID = pictureobj.PictureID AND pictureobj.ObjectAttr =
'Module' WHERE moduleclassify.ModuleLanguageID ="'.$safe_ModuleLanguageID.'" ORDER BY module.
ModuleName   LIMIT 0,".$rowperpage;
9      $cur_page=1;
10     $module = mysql_query($query_module, $wk) or die(mysql_error());
11     Module_classfy_query($module);
12      pagination($totalRows_module,$cur_page,$safe_Menuclass);
13       } else{
```

```
14      $cur_page=mysql_real_escape_string($_GET['page'],$wk);
15      $limit_q=$cur_page-1;
16      $query_module_L= " SELECT * FROM module INNER JOIN grade ON module.ModuleID =
grade.gradeobID INNER JOIN moduleclassify ON module.ModuleID = moduleclassify.ClassobjID INNER JOIN
classindustry ON moduleclassify.classIndustryID = classindustry.classIndustryID INNER JOIN classmname ON
moduleclassify.classMNameID = classmname.classMnameID INNER JOIN classmodulelanguage ON
moduleclassify.ModuleLanguageID = classmodulelanguage.ModuleLanguageID INNER JOIN pictureobj ON
module.ModuleID = pictureobj.objectID INNER JOIN picture ON picture.PictureID = pictureobj.PictureID AND
pictureobj.ObjectAttr = 'Module' WHERE moduleclassify.ModuleLanguageID ="'.$safe_ModuleLanguageID.'"
ORDER BY module.ModuleName   LIMIT ".$limit_q.",".$rowperpage;
17      $module = mysql_query($query_module_L, $wk) or die(mysql_error());
18      Module_classfy_query($module);
19      pagination($totalRows_module,$cur_page,$safe_Menuclass);
```

这份代码清单与 6-20、6-21 的结构非常相似。第 1 行～第 4 行，从数据库中查询，获得数据，第 6 行得到符合条件的总的记录条数，以用来生成页码。从第 7 行开始，如果用户没有单击页码链接，查询数据库，获得前$rowperpage 条数据，$rowperpage 变量是每页要显示的记录条数，在第 11、12 行中输出课程和页码。第 13 行开始的代码块是在用户单击了某个页码链接后，查询数据库，获得从$limit_q 开始的$rowperpage 条记录，第 17、18 行调用函数输出内容和页码。

7. 按内容分类菜单

按课程所包含的内容分类与按语言分类的脚本结构是一样的。

程序清单 6-25：按语言分类脚本

```
1      $safe_classMnameID = mysql_real_escape_string($_GET['classMnameID'],$wk);
2      $safe_Menuclass="classMnameID=".$safe_classMnameID;
3      mysql_select_db($database_wk, $wk);
4      $query_module = " SELECT * FROM module INNER JOIN grade ON module.ModuleID =
grade.gradeobID INNER JOIN moduleclassify ON module.ModuleID = moduleclassify.ClassobjID INNER JOIN
classindustry ON moduleclassify.classIndustryID = classindustry.classIndustryID INNER JOIN classmname ON
moduleclassify.classMNameID = classmname.classMnameID INNER JOIN classmodulelanguage ON
moduleclassify.ModuleLanguageID = classmodulelanguage.ModuleLanguageID INNER JOIN pictureobj ON
module.ModuleID = pictureobj.objectID INNER JOIN picture ON picture.PictureID = pictureobj.PictureID AND
pictureobj.ObjectAttr = 'Module' WHERE moduleclassify.classMNameID ="'.$safe_classMnameID.'" ORDER BY
module.ModuleName ";
5      $module = mysql_query($query_module, $wk) or die(mysql_error());
6      $totalRows_module = mysql_num_rows($module);
7    if(!isset($_GET['page'])) {
8      $query_module = " SELECT * FROM module INNER JOIN grade ON module.ModuleID =
grade.gradeobID INNER JOIN moduleclassify ON module.ModuleID = moduleclassify.ClassobjID INNER JOIN
classindustry ON moduleclassify.classIndustryID = classindustry.classIndustryID INNER JOIN classmname ON
moduleclassify.classMNameID = classmname.classMnameID INNER JOIN classmodulelanguage ON
moduleclassify.ModuleLanguageID = classmodulelanguage.ModuleLanguageID INNER JOIN pictureobj ON
module.ModuleID = pictureobj.objectID INNER JOIN picture ON picture.PictureID = pictureobj.PictureID AND
pictureobj.ObjectAttr = 'Module' WHERE moduleclassify.classMNameID ="'.$safe_classMnameID.'" ORDER BY
module.ModuleName LIMIT 0,".$rowperpage;
9          $cur_page=1;
```

```
10        $module = mysql_query($query_module, $wk) or die(mysql_error());
11        Module_classfy_query($module);
12         pagination($totalRows_module,$cur_page,$safe_Menuclass);
13          } else{
14              $cur_page=mysql_real_escape_string($_GET['page'],$wk);
15     $limit_q=$cur_page-1;
16     $query_module_L= " SELECT * FROM module INNER JOIN grade ON module.ModuleID =
grade.gradeobID INNER JOIN moduleclassify ON module.ModuleID = moduleclassify.ClassobjID INNER JOIN
classindustry ON moduleclassify.classIndustryID = classindustry.classIndustryID INNER JOIN classmname ON
moduleclassify.classMNameID = classmname.classMnameID INNER JOIN classmodulelanguage ON
moduleclassify.ModuleLanguageID = classmodulelanguage.ModuleLanguageID INNER JOIN pictureobj ON
module.ModuleID = pictureobj.objectID INNER JOIN picture ON picture.PictureID = pictureobj.PictureID AND
pictureobj.ObjectAttr = 'Module' WHERE moduleclassify.classMNameID ='".$safe_classMnameID."' ORDER BY
module.ModuleName LIMIT ".$limit_q.",".$rowperpage;
17        $module = mysql_query($query_module_L, $wk) or die(mysql_error());
18        Module_classfy_query($module);
19          pagination($totalRows_module,$cur_page,$safe_Menuclass);
20      }
```

第 1 行～第 4 行，从数据库中查询，获得数据，第 6 行得到符合用户所选内容，保存在变量$_GET['classMnameID']中的记录条数，生成页码数。从第 7 行开始，如果用户没有单击页码链接，那么从数据库中获得前$rowperpage 条数据，在第 11、12 行中输出课程和页码。第 13 行开始，在用户单击了某个页码链接后，从数据库中获得从$limit_q 开始的$rowperpage 条记录，第 18、19 行调用函数输出内容和页码。

从上面的代码可以看出，不管是哪种分类，代码结构都是一样的，所以按行业分类的代码就不再花费篇幅进行解释。请读者自行参考素材 kecheng10.php 里面的代码部分。

6.2.3　笔记详情页面的动态页面制作

笔记详情包含笔记内容和对笔记的评论。这一部分非常简单，因此就介绍如何形成笔记内容，笔记的评论就由读者自行完成。

程序清单 6-26：按语言分类脚本

```
1     <?php   if(isset($_GET['NotesId'])){/**/
2       $safe_NotesId = mysql_real_escape_string($_GET['NotesId'],$wk);
3       $safe_Notes="NotesID=".$safe_NotesId;
4       $query_bijixiangqing = "SELECT * FROM notes INNER JOIN user ON user.UserId = notes.
NotesOwner AND notes.NotesID =".$safe_NotesId." INNER JOIN module ON notes.NotesModuleID =
module.ModuleId";
5       $bijixiangqing = mysql_query($query_bijixiangqing, $wk) or die(mysql_error());
6       $row_bijixiangqing = mysql_fetch_array($bijixiangqing);
7       $totalRows_bijixiangqing = mysql_num_rows($bijixiangqing);
8           if($totalRows_bijixiangqing<=0){
9             echo "丢脸了，没找到这篇笔记，工程师要扣钱了。";
10          }else{
11      ?>
12              <div class="col-md-12">
```

```
13                          <h4><?php echo $row_bijixiangqing['NotesName']; ?></h4>
14                          <p> 来自课程： <?php echo "<a href=\"kecheng10.php?ModuleId=".$row_
bijixiangqing['ModuleId']."\">";?><a><?php echo $row_bijixiangqing['ModuleName']; ?></a></p>
15                          <div class="media">
16                              <a     href="#"     class="pull-left"><img     src="<?php     echo     $row_bijixiangqing
['UserLogoAdd']; ?>" class="media-object"    alt=" /></a>
17                              <div class="media-body">
18                                  <h4 class="media-heading">
19                                      <?php echo $row_bijixiangqing['UserName']; ?>
20                                  </h4>
21                          </div><!-- END THE media-body-->
22                          </div><!-- END THE media -->
23                          <p></p>
24                          <p> <?php echo $row_bijixiangqing['NotesContent']; ?></p>
25                          <hr>
26                          <?php }
27                      }?>
```

第 1 行，获得笔记的 ID，进行查询。如果没有笔记的 ID，那么则进入不了笔记的详情页面。所以这个地方要想看到展示效果，请读者在 sousou.php 页面输入"摄影摄像技术"就可以看到如图 6-15 所示的展示效果了。

图 6-15　笔记详情页面

第 2 行～第 7 行，从数据库 notes 表中查询含有该 NotesId 的数据。如果没有就提示没有找到，如果有，第 10 行开始就把内容输出到页面上。

6.2.4　登录注册页面的动态页面制作

用户登录和注册是每一个网站都离不开的部分。本网站的登录注册部分采用 Session 会话记录用户的登录信息。在我们编写登录注册动态脚本的时候，首先来理解一下什么是 Session。

1. 理解 Session 机制

HTTP 协议是 Web 服务器与客户端（浏览器）相互通信的协议，它是一种无状态协议。所谓无状态，指的是不会维护 HTTP 请求数据，HTTP 请求是独立的，非持久的。而越来越复杂的 Web 应用需要保存一些用户状态信息。这时候，Session 方案应需而生。PHP 从 4.1 开始支持 Session 管理。

我们为什么需要 Session，就是因为需要存储各个用户的状态数据。一个访问者访问你的 Web 网站将被分配一个唯一的 ID，就是所谓的会话 ID。PHP 设计管理 Session 的方案分别包含了以下信息：

（1）session id。

用户 Session 唯一标识符，随机生成的一串字符串，具有唯一性、随机性。主要用于区分其他用户的 Session 数据。用户第一次访问 Web 页面的时候，PHP 的 Session 初始化函数调用会分配给当前来访用户一个唯一的 ID，也称之为 session_id。

（2）session data。

我们把需要通过 Session 保存的用户状态信息，称为用户 Session 数据，也称为 Session 数据。

（3）session file。

PHP 默认将 Session 数据存放在一个文件里。我们把存放 Session 数据的文件称为 Session 文件。它由特殊的 php.ini 设置 session.save_path 指定 Session 文件的存放路径。在 CentOS5.3 操作系统，PHP5.1 默认存放在/var/lib/php /session 目录中。用户 Session 文件的名称，就是以 sess_为前缀，以 session_id 为结尾命名，比如 session id 为 vp8lfqnskjvsiilcp1c4l484d3，那么 Session 文件名就是 sess_vp8lfqnskjvsiilcp1c4l484d3。

（4）session lifetime。

我们把初始化 Session 开始，直到注销 Session 这段期间，称为 Session 生命周期，这样有助于我们理解 Session 管理函数。

由此可见：当每个用户访问 Web， PHP 的 Session 初始化函数都会给当前来访用户分配一个唯一的 Session ID。并且在 Session 生命周期结束的时候，将用户在此周期产生的 Session 数据持久到 Session 文件中。用户再次访问的时候，Session 初始化函数又会从 Session 文件中读取 Session 数据，开始新的 Session 生命周期。

一旦调用了 session_start()初始化 Session，就意味着开始了一个 Session 生命周期。也就是宣布了可以使用相关函数操作$_SESSION 来管理 Session 数据。这个 Session 生命周期产生的数据并没有实时地写入 Session 文件，而是通过$_SESSION 变量寄存在内存中。

函数 session_start()会初始化 Session，也标志着 Session 生命周期的开始。要使用 Session，必须初始化一个 Session 环境。Session 初始化操作，声明一个全局数组$_SESSION，类型是 Array 映射寄存在内存的 Session 数据。如果 Session 文件已经存在，并且保存有 Session 数据，session_start()则会读取 Session 数据，填入$_SESSION 中，开始一个新的 Session 生命周期。

session_destroy()函数用于注销 Session，除了结束 Session 生命周期外，它还会删除 Session 文件，但不会影响当前$_SESSION 变量。即它会产生一个 IO 操作。在 Session 生命周期结束时，将$_SESSION 数据写回 Session 文件。

2. 用户注册

用户注册的脚本包含了一个表单和用户会话。在整个脚本的头部，我们加入了 session_start();语句开启一个会话；$error_msg = "";声明一个输出错误信息的字符串变量。

接下来就是注册脚本的主要内容。

程序清单 6-27：用户注册脚本

```php
1    <?php
2    if(!empty($_POST)){//用户提交登录表单时执行如下代码
3        $user_username = mysql_real_escape_string($_POST['username'],$wk);
4        $user_password = mysql_real_escape_string($_POST['userpassword'],$wk);
5        $user_usertype = mysql_real_escape_string($_POST['usertype'],$wk);
6        $user_morenlogoadd ="image/uselogo/morenlogo.jpg";
7        $query_user = "SELECT * FROM user WHERE UserName ="" .$user_username.""";
8        $user =   mysql_query($query_user, $wk) or die(mysql_error());
9         if(mysql_num_rows($user)>0){
10            $display_block= "对不起，这个用户名已经有了";
11             header("refresh:3;url=zhuce.php");
12            mysql_close($user);
13            }else{
14            $query_userzhuce = "INSERT INTO    user VALUES('NULL','"".$user_usertype."','1','".
             $user_morenlogoadd."','1','"".$user_username."','2004-08-11','"".$user_usertype."','男',',',',',"".
             $user_password."','"".date ("Y-m-d")."")";
15        $userzhuce = mysql_query($query_userzhuce, $wk) or die(mysql_error());
16        $query_user = "SELECT * FROM user WHERE UserName ="" .$user_username.""";
17        $user =   mysql_query($query_user, $wk) or die(mysql_error());
18        $row_user = mysql_fetch_array($user);
19        $_SESSION['user_id']=$row_user['UserId'];
20         $_SESSION['username']=$row_user['UserName'];
21         $_SESSION['UserLogoAdd']=$row_user['UserLogoAdd'];
22         $urlhtml = "index.php";
23        header("refresh:3;url=".$urlhtml);
24        $display_block = '注册成功,'.$_SESSION['username'].'3 秒后，您将去<a href="index.php">首页</a>';
25        }
26        }else{
27      $display_block = <<<END_OF_TEXT
28    <form method = "post" action="$_SERVER[PHP_SELF]" class="form-signin" role="form">
29    <div class="nav nav-tabs nav-justified" role="tablist">
30        <h2 class="form-signin-heading">欢迎加入 we.can</h2>
31      </div>
32      <input type="text" class="form-control" id="username" name="username" placeholder="在此输入你
        的账号"   required>
33      <input type="password" id="password" name="userpassword" class="form-control" placeholder="在此
        输入你的密码"   required>
34      <div class="checkbox">
35      <label>
36        <input type="radio" id="usertype_s" name="usertype"   value="student" checked="CHECKED" >
          学生
37        <input type="radio" id="usertype_t" name="usertype" value="teacher">老师
38        </label>
39      </div>
40    <button type="submit" name="submit" class="btn btn-lg btn-primary btn-block">注册</button>
41      </form>
```

```
42    END_OF_TEXT;
43    }?>
```

这个脚本分 2 个部分，如果用户没有看到过注册表单，就显示注册表单，如果已经注册提交表单了，就插入数据，输出提示注册成功信息。

第 2 行，如果用户已经提交表单，那么开始获取用户提交的内容，因为都存在 $_POST 变量里。第 3 行～第 5 行分别获得用户输入的信息，包括用户上传的头像图片。

第 7 行，根据获得的用户名进行数据查询，第 9 行判断如果数据库里面已经存在用户名，则提示已经有该名字了，请用户再改一个，重新回到注册表单页面。

第 13 行，如果没有这个名字，则把该用户信息写入数据库相应表单，完成注册。

第 22、23、24 行是完成用户重定位。Header()函数用于页面跳转，可以跳转到 url 指定的页面。

第 27 行～第 42 行，如果用户没有看过注册表单，那么生成输出的字符串，把表单输出给用户填写。

3. 用户登录

用户登录跟用户注册的结构差不多，如果用户没有看到过登录表单，就显示登录表单，如果已经提交表单了，就查询数据，输出提示登录成功信息，并且跳转。

程序清单 6-28：用户登录脚本

```
1    <?php
2    if(!isset($_SESSION['user_id'])){
3        if(isset($_POST['submit'])){//用户提交登录表单时执行如下代码
4            $user_username = mysql_real_escape_string($_POST['username'],$wk);
5            $user_password = mysql_real_escape_string($_POST['userpassword'],$wk);
6            if(!empty($user_username)&&!empty($user_password)){
7                $query_user = "SELECT * FROM user WHERE UserName ='" .$user_username."' AND
                 UserPassword = '".$user_password."'";
8                $user =   mysql_query($query_user, $wk) or die(mysql_error());
9                if(mysql_num_rows($user)==1){
10                   $row = mysql_fetch_array($user);
11                   $_SESSION['user_id']=$row['UserId'];
12                   $_SESSION['username']=$row['UserName'];
13                   $_SESSION['UserLogoAdd']=$row['UserLogoAdd'];
14                   header("refresh:3;url=index.php");
15                   echo '您已登录，您 3 秒钟后会回到<a href="index.php">主页</a>';
16               }else{
17                   $error_msg = "用户名或者密码不对哦亲，如果没注册，请注册";
18               }
19           }else{
20               $error_msg = "如果没注册，请注册";
21           }
22       }
23   }else{
24   echo '您已登录，请先<a href="tuichudenglu.php">退出登录</a>';}?>
25   <!DOCTYPE html>
26   <html lang="en">
```

```
27    <head>
28      <meta charset="utf-8">
29      <meta http-equiv="X-UA-Compatible" content="IE=edge">
30      <meta name="viewport" content="width=device-width, initial-scale=1">
31      <meta name="description" content="">
32      <meta name="author" content="">
33      <link rel="icon" href="../favicon.ico">
34      <title>登录框</title>
35  <!-- Bootstrap core CSS -->
36      <link href="dist/css/bootstrap.min.css" rel="stylesheet">
37      <!-- Just for debugging purposes. Don't actually copy these 2 lines! -->
38      <script src="assets/js/ie8-responsive-file-warning.js"></script>
39      <script src="assets/js/ie-emulation-modes-warning.js"></script>
40      <!-- IE10 viewport hack for Surface/desktop Windows 8 bug -->
41      <script src="assets/js/ie10-viewport-bug-workaround.js"></script>
42      <!-- HTML5 shim and Respond.js IE8 support of HTML5 elements and media queries -->
43        <script src="dist/js/html5shiv.min.js"></script>
44        <script src="dist/js/respond.min.js"></script>
45      <!-- Custom styles for this template -->
46      <link href="css/denglukuang.css" rel="stylesheet">
47      <style>
48  </style>
49    </head>
50  <!-- NAVBAR============================================================ -->
51    <body>
52  <div class="container">
53  <!--通过$_SESSION['user_id']进行判断，如果用户未登录，则显示登录表单，让用户输入用户名和
密码-->
54          <?php
55          if(!isset($_SESSION['user_id'])){
56              echo '<p class="error">'.$error_msg.'</p>';
57          ?>
58        <form method = "post" action="<?php echo $_SERVER['PHP_SELF'];?>"class="form-signin"
role="form">
59          <h2 class="form-signin-heading">登录 we.can</h2>
60          <!-- 如果用户已输过用户名，则回显用户名 -->
61          <input type="text" id="username" name="username" class="form-control" placeholder="在此
输入你的账号" value="<?php if(!empty($user_username)) echo $user_username; ?>"
required autofocus>
62          <input type="password" id="password" name="userpassword" class="form-control"
placeholder="在此输入你的密码"    required>
63          <div class="checkbox">
64            <label style="font-size:15px;">
65              <input type="checkbox" value="remember-me"> 下次自动登录
66            </label >
67            <label style="font-size:15px;float:right;"><a href="#" >忘记密码?</a></label>
68          </div>
69          <button class="btn btn-lg btn-primary btn-block" type="submit" name="submit">登录
```

```
</button>
70        <label style="font-size:15px;">
71          还没开通 we.can 账号? <label><a href="#">立即注册>></a>
72          </label>
73      </form>
74        <?php
75          }
76        ?>
77    </div> <!-- /container -->
```

这个脚本也分 2 个部分，如果用户没有看到过登录表单，就显示登录表单，如果已经提交表单了，就查询数据，输出提示登录成功信息，并且跳转。

第 2 行，判断用户是否已经登录，如果没有登录，那么第 3 行再判断用户是否已经提交登录表单，第 4 行开始获取用户提交的内容，因为都存在$_POST 变量里。第 7、8 行根据获得的用户名进行数据查询，第 9 行判断如果数据库里面存在用户名，则提示用户登录，第 14 行进行用户重定位。

第 16 行，若查到的记录用户名和密码不正确，则设置错误信息$error_msg=用户名或者密码不对哦亲，如果没注册，请注册。

第 19 行开始，如果没有这个用户名，那么提示用户没有注册，请先注册。

第 23 行开始，如果用户已经登录，提示用户已经登录，要先退出。

第 25 行到最后，如果用户没有提交登录，则显示登录窗口。

实践练习：学生后台编写

根据附件里面提供的学生后台页面，编写本案例网站的学生后台页面部分的静态页面和动态页面。学生后台页面如图 6-16 所示。

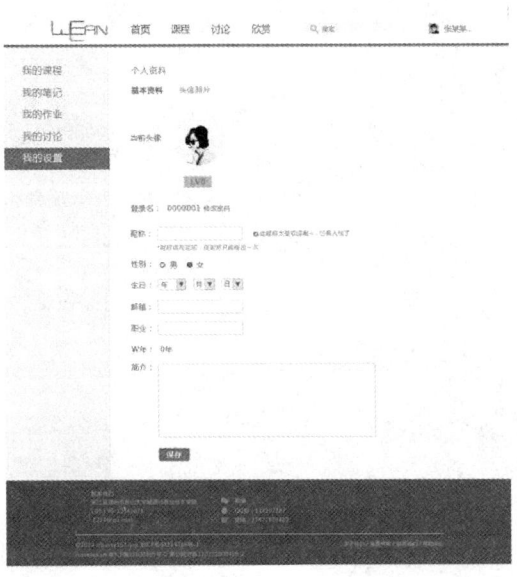

图 6-16　学生后台页面

实验内容与步骤：

HTML 制作提示：

1. 加入 Bootstrap 组件；

2. 使用.nav 类建立导航；

3. 使用缩略图类建立用户头像；

4. 使用表单类建立用户信息；

5. 注意 Logo 的大小不要超过 200px*200px；

6. 可以采用选项卡的形式制作基本资料。

PHP 制作提示：

1. 另存为.php 文件，开始进行后台的编写；

2. 注意判断用户是否登录；

3. 关联多个数据库表。

第7章

凤凰电商网站设计

本章与第 6 章一样，提供了一个自己动手的项目——凤凰电商网站。我们以网站开发流程为顺序，介绍网站设计，数据库设计，前台制作，后台制作。当然我们希望读者能跟我们一起动手操作，而不是仅仅看看而已。

7.1 网站预览

凤凰电商网是在电商网站方兴未艾的时候为某厂商建立的电商网站。这个网站的内容包括：货物的展示、货物的推广、展销会信息、购物车等。构建一个电商网站，我们要考虑以下几部分的内容：

1. 网站要卖的货物是什么类型的？
2. 需要哪些最基本的功能？
3. 访问网页的都是哪些人？我们如何吸引这些人？
4. 需要多少个基本页面？
5. 需要在线支付吗？
6. 需要在线交易吗？

7.1.1 设计网站架构

有许多电商网站值得我们借鉴，它们有些是单独某一家公司的产品网站，这种网站页面比较少，产品内容类型相对单一，可以做出非常漂亮的统一设计。

有些网站是类似于商场的，产品内容丰富，商贾云集，很难出现统一的产品界面。下是一些商城电商网站，如图 7-1～图 7-4 所示。

图 7-1　苹果官网 www.apple.com

图 7-2　小米官网 www.mi.com

图 7-3　当当官网 www.dangdang.com

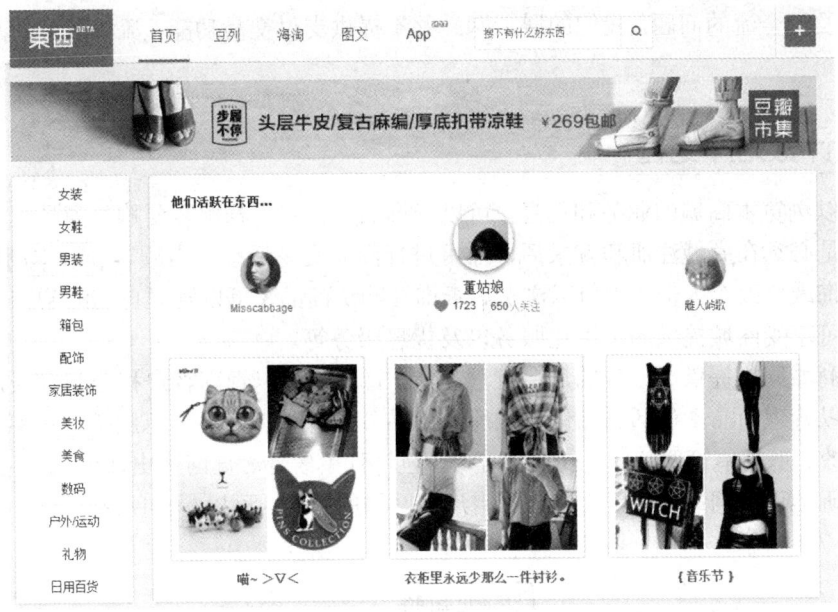

图 7-4　豆瓣东西 http://dongxi.douban.com/

结合上面提出的网站规划方案我们设计了凤凰电商网站的架构，如图 7-5 所示。

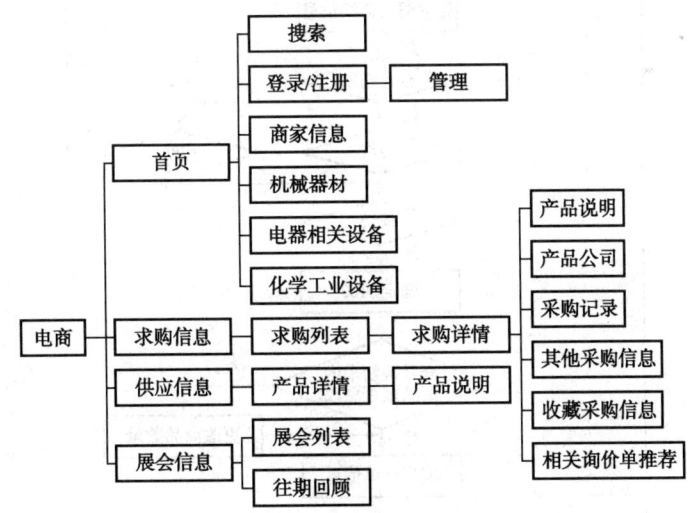

图 7-5　凤凰电商架构图

凤凰电商网站包含 4 个主要部分，首页、求购信息、供应信息和展会信息。在首页部分包含 6 大内容，搜索，用户注册和登录，商家信息机械器材、电器相关设备、化工相关设备。

由于该电商企业是为机械类器材做的一个商城，因此在设计和制作该商城的时候特意查询了机械类器械的分类表，包含非常多的分类，这里只展示了 3 类。

求购信息部分包括求购列表，求购详情。求购详情包括产品说明、产品公司、采购记录、其他采购信息、收藏采购信息、相关询价单推荐。

供应信息包括产品详情、产品说明。

展会信息包括展会列表、往期回顾。

由于涉及资金流的问题，我们的展示网站并不提供支付交易功能，流程只到商品加入购物车为止。

7.1.2　设计数据库结构

顾客可以浏览本商城的业务和信息，可以查询商品信息，若顾客要购买商品，可以先加入购物车，但是必须在商城注册和登录后，才可进行商品交易活动。当顾客登录本商城系统时，顾客可以查询或修改个人信息，可以浏览、查询并购买商品，可以管理自己的购物车，可以查询订单，也可享受商城提供的个性化服务以及优惠服务等。

本电子商城同样提供了一定的后台管理功能，管理员可以管理客户积分与等级，删除不合法客户；可以管理商品，包括商品信息入库、商品分类管理、商品信息删除、优惠商品信息、商品信息修改、退货单管理等；可以管理订单，包括订单统计、查询历史订单、配送单管理等。

为了准确地确定网站功能，通过分析用户在网站的行为，可以得出网站的顾客在网站的行为流程如图 7-6 所示。

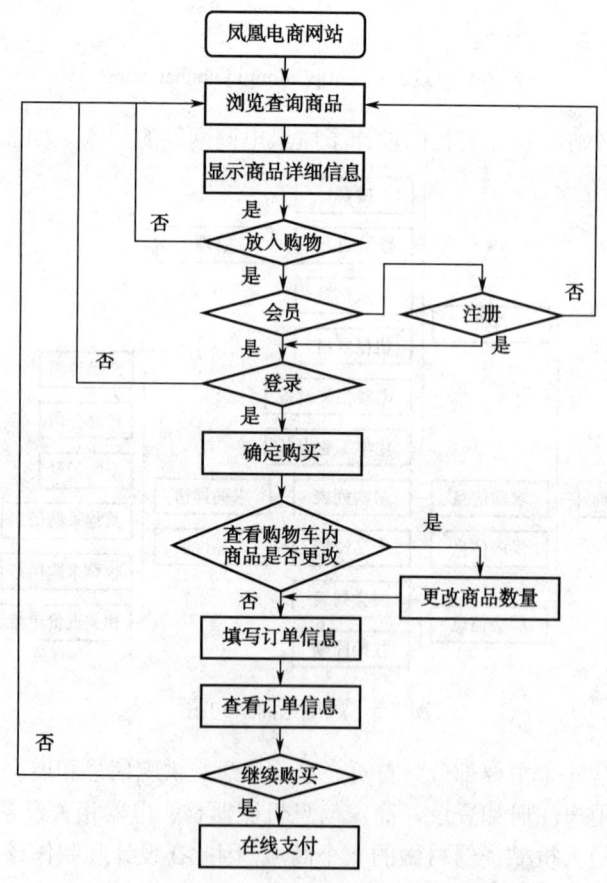

图 7-6　网站用户行为流程图

分析了用户的行为，还要详细绘出用例图。从用例图我们可以得到类图。类图里面详细记录着每个类的属性与方法以及类与类之间的关系。这部分涉及 UML 语言和数据库的知识，在这里就不详细解释。

在这里，我们再次强调数据库开发的五个规范要求：①表中应该避免可为空的列；②表不应该有重复的值或者列；③表中记录应该有一个唯一的标识符；④数据库对象要有统一的前缀名；最后，尽量只存储单一实体类型的数据。

1. 商品相关表

商品类与商品细节图片类有 1:N 关系，商品特征与商品细节图片有 1:N 关系。商品类，商品细节图片类在数据库中分别设计成独立的表，如表 7-1 和表 7-2 所示。

表 7-1　产品表

表名：产品（product）		
字段	字段类型	解释
ProductId	tinyint(8)	产品 id
ProductName	varchar(16)	产品名称
ProductImage	varchar(64)	产品图片
ProductDesc	varchar(128)	产品描述
ProductPrice	varchar(16)	产品价格
ProductDateAdded	date	产品添加日期
ClassId	varchar(8)	类型 id

表 7-2　类型表

表名：产品类型表（class）		
字段	字段类型	解释
ClassId	int(32)	类型 id
Classdetail	varchar(128)	类型详细描述
ClassDate	date	类型修改日期

2. 用户相关表

网站的用户由一般客户、商家、后台管理人员组成，在此给他们分别标注了类型和等级，用户表和商家表如表 7-3 和表 7-4 所示。

表 7-3　用户表

表名：用户（user）		
字段	字段类型	解释
UserId	tinyint(8)	用户 id
UserType	varchar(16)	用户类型
UserLogoAdd	varchar(128)	用户标识添加
UserGrade	tinyint(8)	用户等级

续表

表名：用户（user）		
字段	字段类型	解释
UserName	varchar(64)	用户名称
UserBirthday	date	用户生日
UserSex	varchar(2)	用户性别
UserMailbox	varchar(128)	用户邮箱
UserPassowrd	varchar(32)	用户密码
UserCreationTime	date	用户创建时间

表 7-4　商家表

表名：商家表（buy）		
字段	字段类型	解释
MasterId	tinyint(8)	ID
DateAdded	date	商家添加日期 ID
DateModified	date	商家修改日期
TName	varchar(32)	商家负责人名字
NName	varchar(32)	商家联系人名字
UserName	varchar(32)	厂名

3. 交易支撑表

与商品交易息息相关的很多行为和信息，我们把它们也做成表，如表 7-5 和表 7-6 所示。

表 7-5　订单表

表名：订单列表（orderlist）		
字段	字段类型	解释
orderId	int(32)	订单 id
UserId	tinyint(8)	用户 id
ProductId	tinyint(8)	产品 id
orderPrice	double	订单价格
orderDate	date	订单日期
orderAmount	tinyint(8)	订单数量
orderUpdateDate	date	订单修改日期

表 7-6　供求关系表

表名：求购关系表（inquiry）		
字段	字段类型	解释
inquiryId	tinyint(16)	关系 ID
inquiryProductName	varchar(128)	求购产品名称
inquiryProductClass	varchar(8)	求购产品类型
inquiryMasterId	tinyint(8)	求购厂家
inquiryPrice	tinyint(8)	求购价格
inquiryAmount	tinyint(8)	求购数量
inquiryDate	date	求购日期
inquiryEndDate	date	求购有效日期

　　值得一提的是，为了让网站比较干净和容易实现，数据库最终在实现的时候进行了一些简化。但是基本跟上面的分析没有差别。

7.2　设计网站页面效果

　　凤凰电商网的视觉设计遵循共同的网页风格，有自己的配色体系，它们分别是橙色、白色、银色和灰色，凤凰电商网的色彩体系如图 7-7 所示。

图 7-7　凤凰电商网的色彩体系

7.2.1　设计和制作网站页面布局

　　网站由非常多的页面组成，它们都会作为一个资源放入随书所附的电子资源里面。在这个案例中，重点要介绍 4 张网页，分别是首页、货物展示、搜索和购物车页面。它们涉及电商网站的大部分知识，因此，在这里我们也列出它们的布局图，如图 7-8～图 7-11 所示。

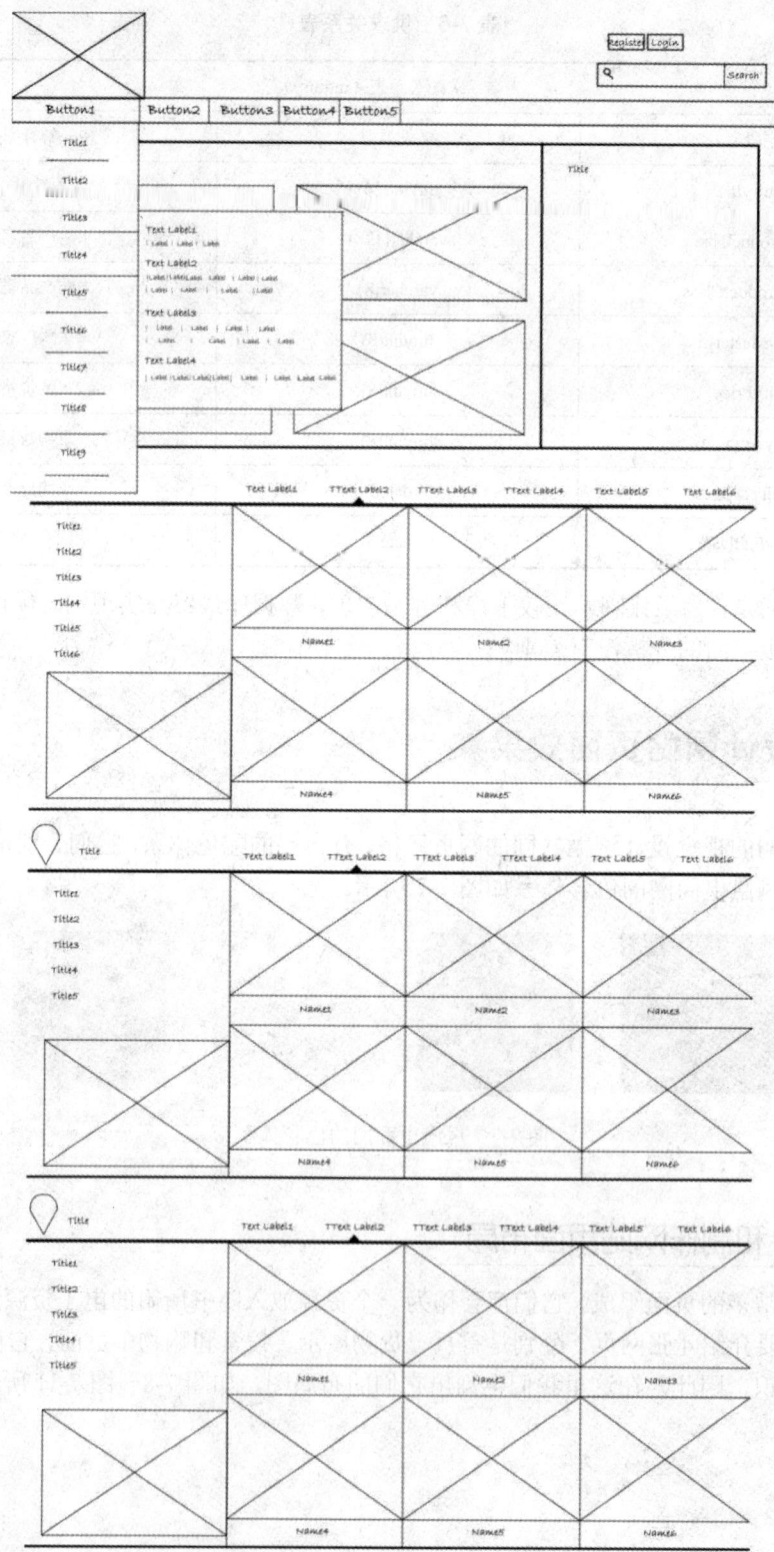

图 7-8　首页布局图

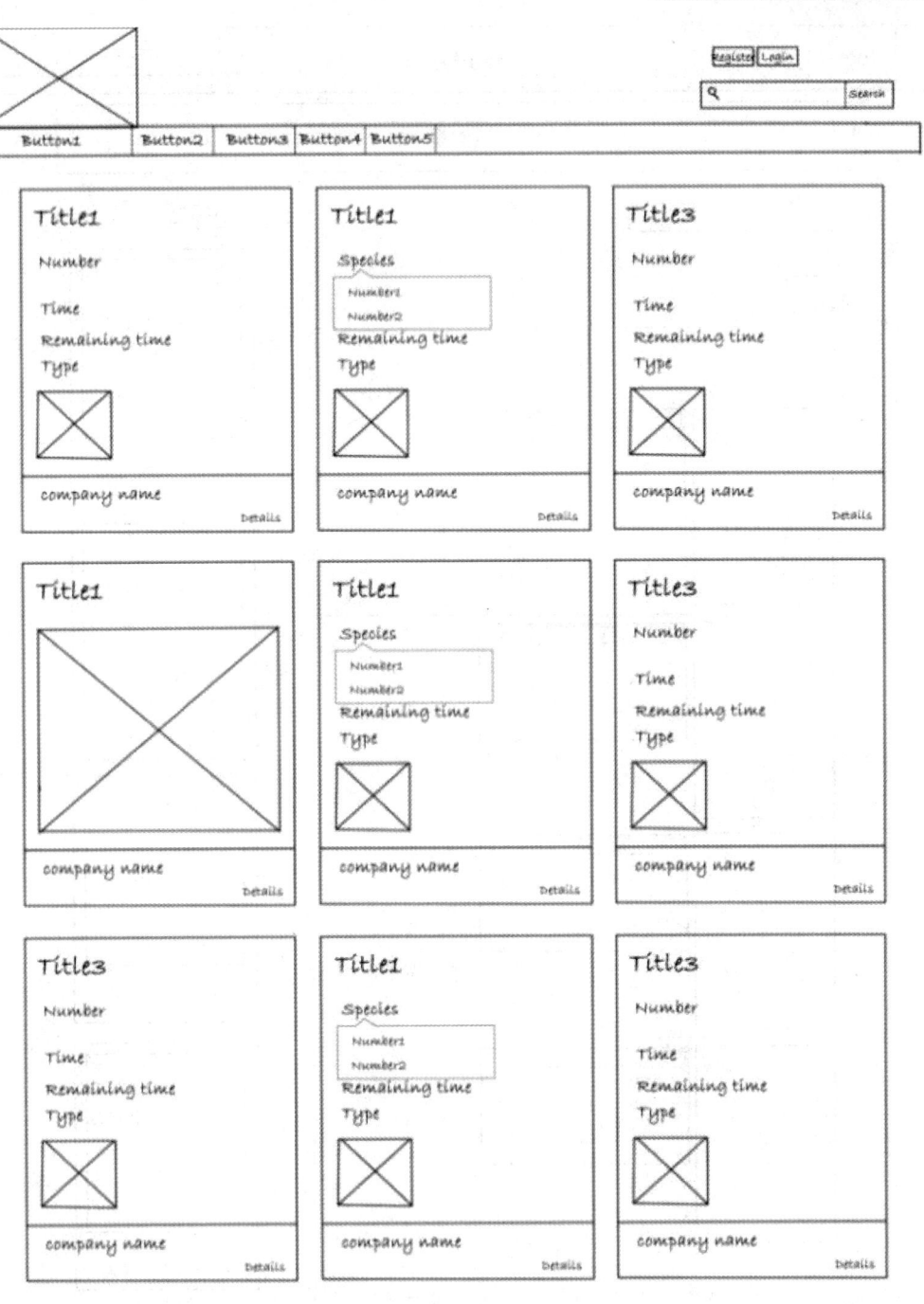

图 7-9　求购信息布局图

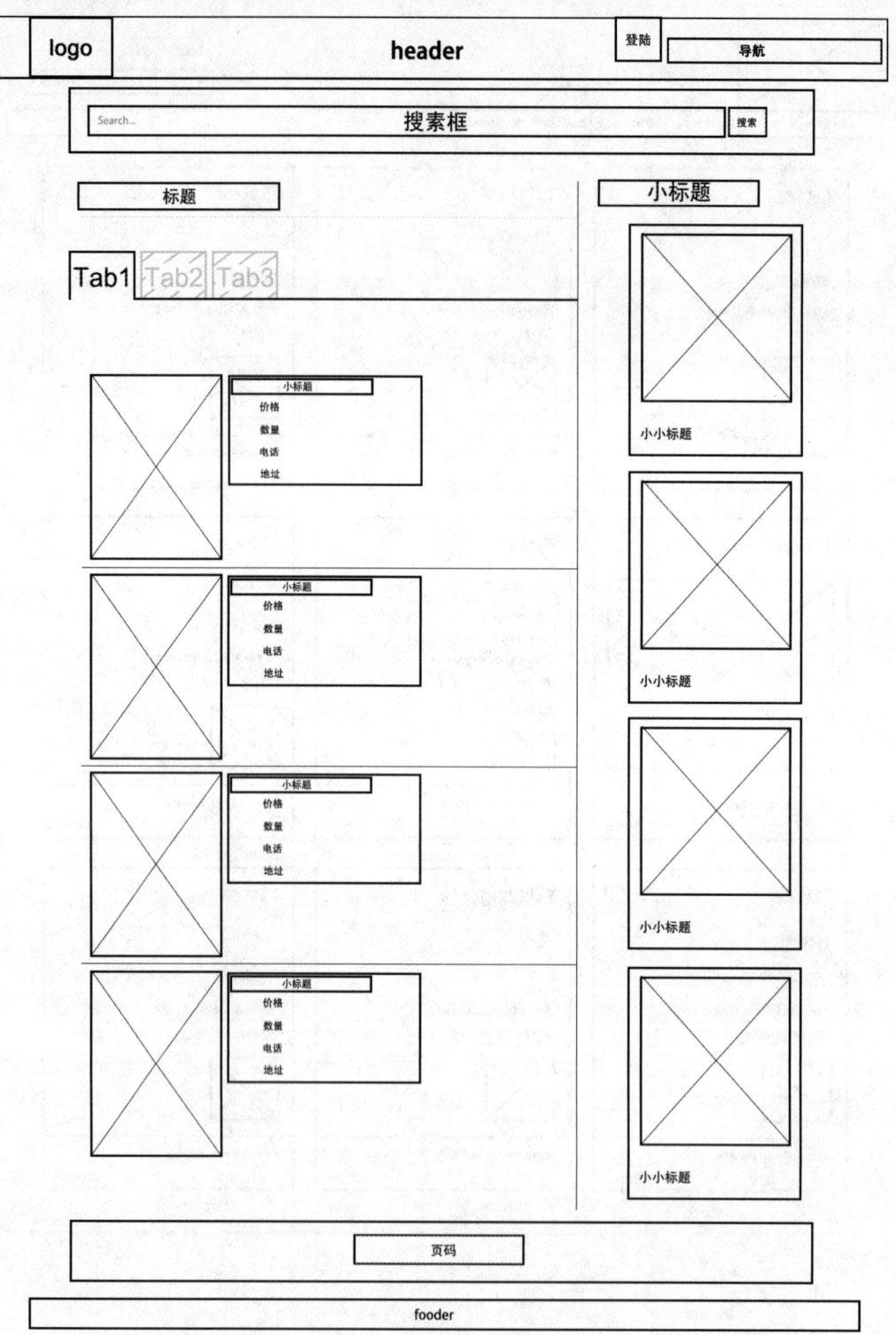

图 7-10　搜索布局图

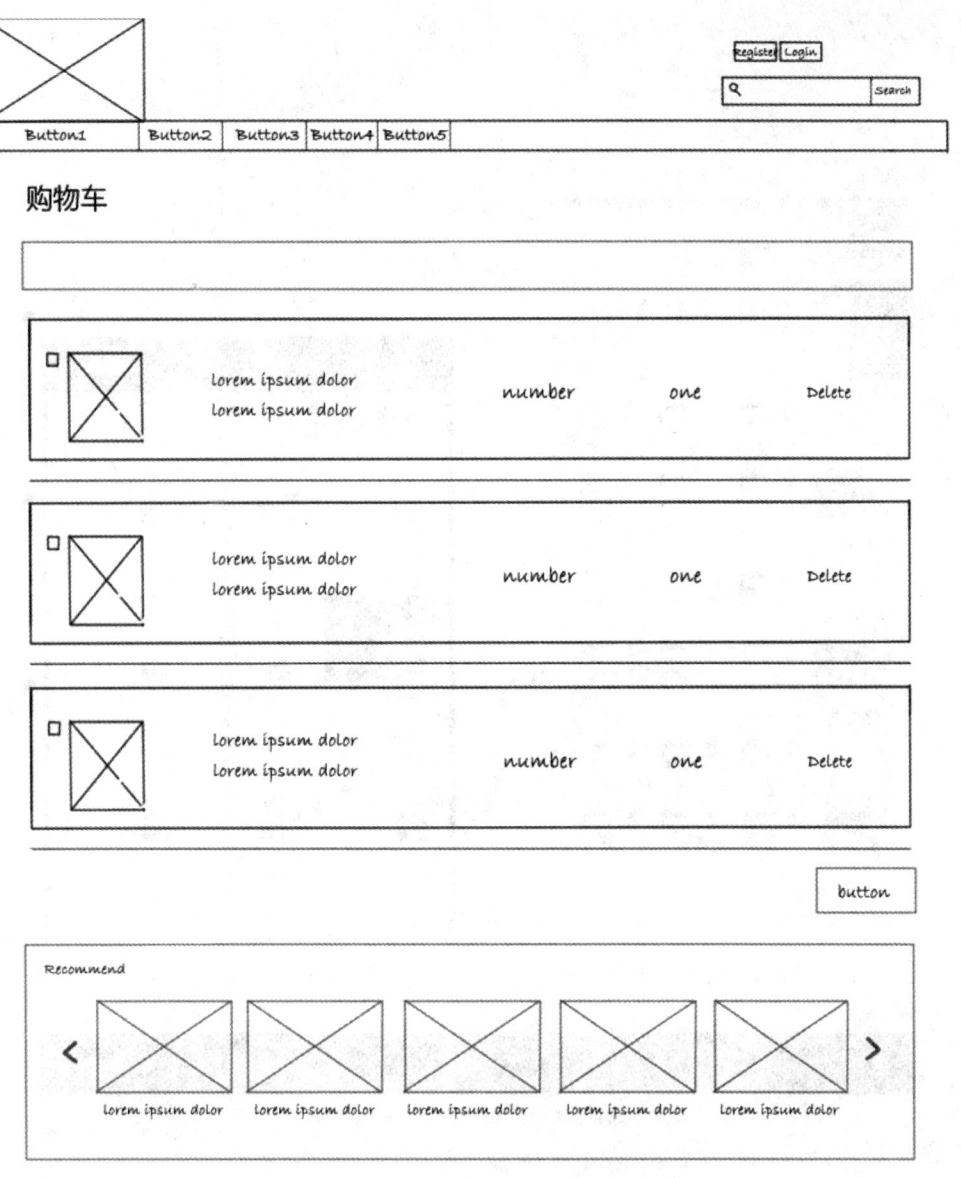

图 7-11　购物车页面布局图

7.2.2　设计和制作页面图

根据上一节提供的布局图,以我们的系统配色为依据,制作了页面图,这些图片默认网页宽度是 1024px。

首页的设计图如图 7-12 所示。这张图漂亮地实现了布局图的设计,我们分别为网站设计了 logo 和 icon,在后续的章节,我们会将其展示,其他设计图如图 7-13～图 7-15 所示。

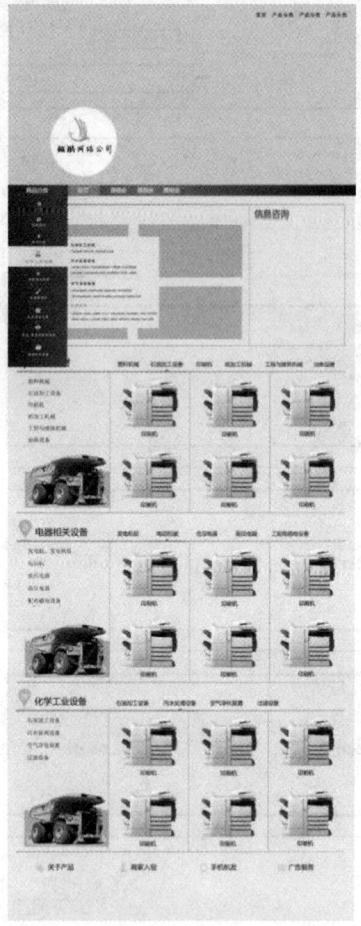

图 7-12　首页设计图

图 7-13　求购信息设计图

图 7-14　搜索设计图

图 7-15　购物车页面布局图

7.2.3　设计和制作 logo、icon 等

网页设计师需要考虑有效的表达构思的图形效果。比如说制作插图，制作图形符号，制作三维效果图等。通过图形确立网页风格大致分为：平面图形、半立体图形、立体图形。凤凰电商网用平面图形进行视觉造型。我们设计了统一的字体、插图、图形符号和照片。

1. 字体

本网站采用微软雅黑为标准字体，正文字号 14px，标题 30px，

2. logo

凤凰网的 logo 来源于凤凰的图形的抽象，如图 7-16 所示。

图 7-16　用于首页的 logo 图

3. icon

部分 icon 如图 7-17 所示。

图 7-17　凤凰网使用的部分 icon 图

实践练习　设计和制作展会图

实验目的：

在电商网站中需要提供展会信息，包括商家、内容、展销地址，因此需要进行特殊的设计。

实验基础要求：

设计展销详情页。内容包含展会名字、地址、电话等。

实验内容与步骤：

可以参考图 7-18 所示的设计图进行设计。

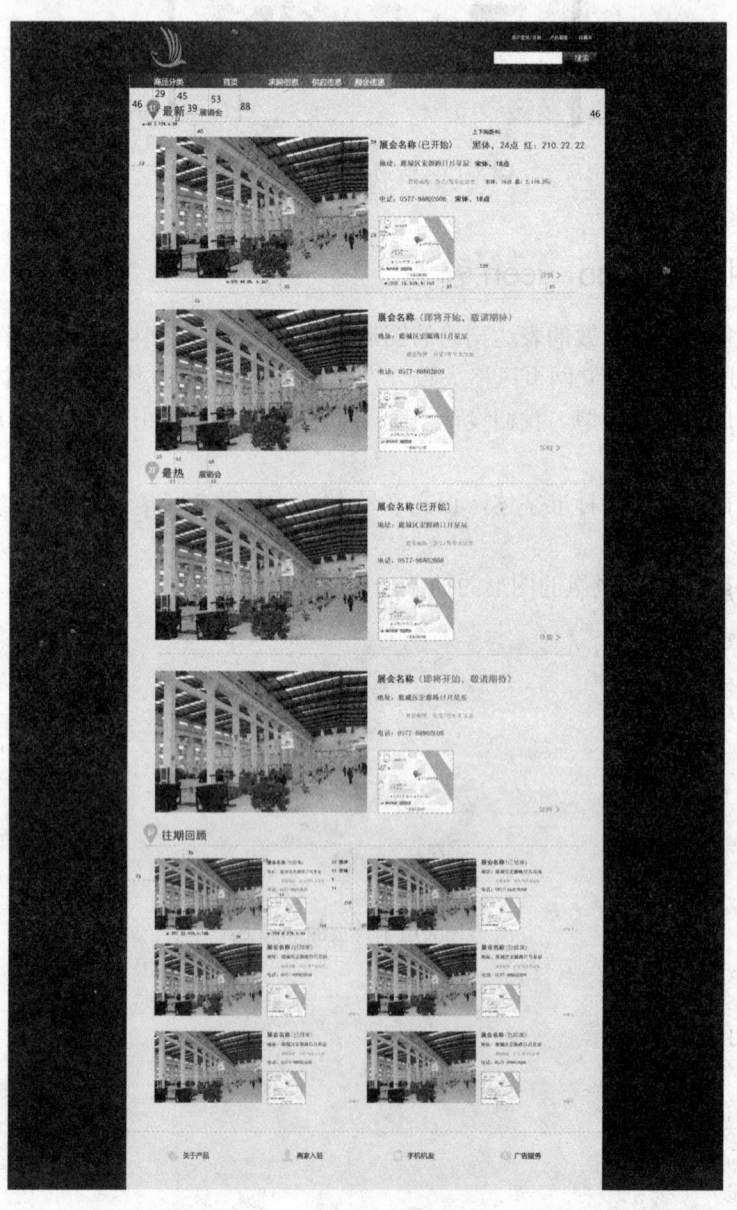

图 7-18　展销详情页图

制作提示：

1．基本格式：png、psd；
2．图片大小：1920px*1024px；
3．保存每一张切片；
4．包含主要内容栏目。

第8章

凤凰电商网站制作

伴随着互联网的成长，通过电子商务网站实现商品交易越来越频繁，而访客在面对越来越庞大的信息量时会感到迷茫，因此，优秀的界面设计能够提高网站的易用性，对实现电子商务网站的高效运作具有实际意义。

8.1 静态页面编写

凤凰电商的界面设计是非常商务和带有机械特性的。在第 7 章中，我们已经设计好网站，这里就把它们展现出来。

8.1.1 首页的制作

凤凰电商有两个导航，分别是网站头部的总导航和侧边的分类导航。一般来说，总导航会比较笼统地展示网站商品，而分类导航则会比较详细。总导航的内容过多，无论在体验还是视觉上，都会有拖泥带水的感觉。

在这张页面里，我们有 2 个导航，总导航如图 8-1 所示，侧边导航如图 8-2 所示。

图 8-1　总导航

以下重点介绍总导航和侧边导航部分的静态代码。

总导航还是采用汉堡包键和堆叠导航组合。

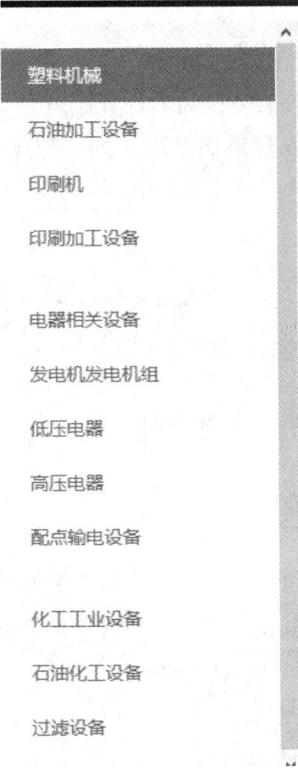

图 8-2　侧边导航

程序清单 8-1：总导航 HTML 代码

```
1    <nav class="navbar navbar-inverse navbar-fixed-top">
2      <div class="container-fluid">
3        <div class="navbar-header">
4        <button type="button" class="navbar-toggle collapsed" data-toggle="collapse" data-target=
         "#navbar" aria-expanded="false" aria-controls="navbar">
5          <span class="sr-only">Toggle navigation</span>
6          <span class="icon-bar"></span>
7          <span class="icon-bar"></span>
8          <span class="icon-bar"></span>
9        </button>
10       </div>
11       <div id="navbar" class="navbar-collapse collapse">
12         <ul class="nav navbar-nav navbar-right">
13           <li><a href="#">登录</a></li>
14           <li><a href="#">首页</a></li>
15           <li><a href="#">求购商品</a></li>
16           <li><a href="#">供应信息</a></li>
17       <li><a href="#">展会信息</a></li></ul>
18       <form class="navbar-form navbar-right">
19         <input type="text" class="form-control" placeholder="Search...">
20       </form>
21       </div>
```

```
22        </div>
23      </nav>
```

第 4～6 行代码为汉堡包键，第 12 行～17 行开始就是导航，我们这里没有别的内容，因为没有支付模块，所以把购物车放入登录后实现。为了把在导航的头部加入金属拉丝的底图，我们的 CSS 样式代码如下所示。

程序清单 8-2：总导航样式

```
1    body {
2        padding-top: 100px;
3    }
4    nav.navbar{
5        background-image:url(../images/daohangdi.png);
6        background-repeat:no-repeat;
7        background-size:100% 130%;
8    }
```

第 2 行，给 body 一个高 100px 的上内边距，是为了放置固定头部的导航，导航的高度是 100px，第 5～7 行分别为设置背景图，不拉伸，背景图的长框设置成 100%，130%。完成总导航后，需要详细计算和设置侧边栏，代码清单如下所示。

程序清单 8-3：侧边栏 HTML 代码

```
1    <div class="col-sm-3 col-md-2 sidebar">
2        <ul class="nav nav-sidebar">
3          <li class="active"><a href="#">塑料机械 <span class="sr-only">(current)</span></a></li>
4          <li><a href="#">石油加工设备</a></li>
5          <li><a href="#">印刷机</a></li>
6          <li><a href="#">印刷加工设备</a></li>
7        </ul>
8        <ul class="nav nav-sidebar">
9          <li><a href="">电器相关设备</a></li>
10         <li><a href="">发电机发电机组</a></li>
11         <li><a href="">低压电器</a></li>
12         <li><a href="">高压电器</a></li>
13         <li><a href="">配点输电设备</a></li>
14       </ul>
15       <ul class="nav nav-sidebar">
16         <li><a href="">化工工业设备</a></li>
17         <li><a href="">石油化工设备</a></li>
18         <li><a href="">过滤设备</a></li>
19       </ul>
20     </div>
```

电商网站的一个弱点之一就是有非常多的分项，每个分项里面还有 2 级甚至 3 级分项。里面内容繁多，用户会有不知如何下手的感觉。我们可以采用这种侧边栏分类的方式，把 2 级甚至 3 级分类归类好。也可以采用可折叠面板的方式，各有各的优势。为了显示方便，此处就列了 3 类分类。第 2 行～第 7 行就是一个分类模块。class="nav nav-sidebar"申明了一个侧边栏的类，下面几行列表项中是各个分类目录。为了让侧边栏能够固定在左边，下面清单列出了样式代码。

程序清单 8-4：侧边栏 CSS 样式代码

```
1    .nav-sidebar {
2        margin-right: -21px; /* 20px padding + 1px border */
3        margin-bottom: 20px;
4        margin-left: -20px;
5    }
6    .sidebar {
7        position: fixed;
8        top: 100px;
9        bottom: 0;
10       left: 0;
11       z-index: 1000;
12       display: block;
13       padding: 20px;
14       overflow-x: hidden;
15       overflow-y: auto;
16       background-color: #f5f5f5;
17       border-right: 1px solid #eee;
18   }
```

第 6 行开始，设置侧边栏的位置为 fixed 也就是会随着页面的滚动一直固定在窗口的同一位置，第 8 行设置顶部位置在 100px 处，是给上面的总导航留出位置。第 11 行设置它总是在页面最上层，不会被别的内容遮挡。对于同级元素，position 不为 static 且 z-index 存在的情况下 z-index 大的元素会覆盖 z-index 小的元素，即 z-index 越大优先级越高。第 15 行是当屏幕视口很短而分类列表很长的时候，出现滚动条。

解决电商内容繁多的另一个方法就是楼层制。所谓楼层制，就是把一类的内容放在一个视觉层。如图 8-3 所示。在这里准备了两个 icon 提示用户是否选中当前楼层。在鼠标悬停在当前楼层的时候，这个 icon 会变成蓝色，如图 8-4 所示。为了实现这个效果，楼层的代码如下所示。

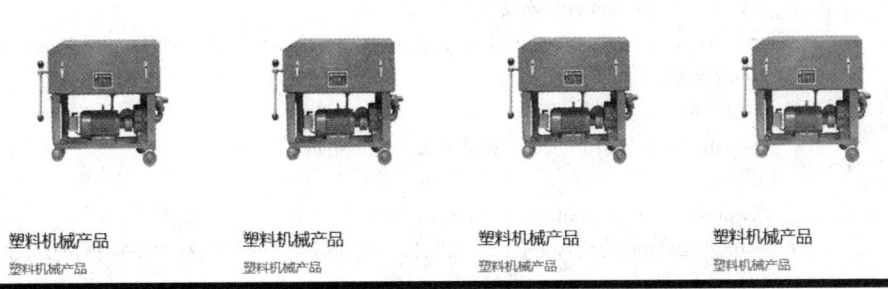

图 8-3　楼层图

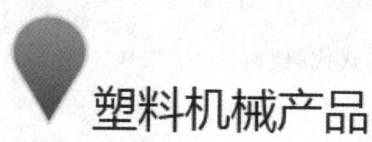

塑料机械产品

图 8-4　鼠标悬停状态下楼层指示样式

程序清单 8-5：楼层 HTML 代码

```
1     <h2 class="sub-header floor">塑料机械产品</h2>
2         <div class="col-xs-4 col-sm-2 placeholder">
3             <img src="images/changpin1.png" class="img-responsive" alt="Generic placeholder
              thumbnail">
4             <h4>塑料机械产品</h4>
5             <span class="text-muted">塑料机械产品</span>
6         </div>
7         <div class="col-xs-4 col-sm-2 placeholder">
8             <img src="images/changpin1.png" class="img-responsive" alt="Generic placeholder
              thumbnail">
9             <h4>塑料机械产品</h4>
10            <span class="text-muted">塑料机械产品</span>
11        </div>
12        <div class="col-xs-4 col-sm-2 placeholder">
13            <img src="images/changpin1.png" class="img-responsive" alt="Generic placeholder
              thumbnail">
14            <h4>塑料机械产品</h4>
15            <span class="text-muted">塑料机械产品</span>
16        </div>
17        <div class="col-xs-4 col-sm-2 placeholder">
18            <img src="images/changpin1.png" class="img-responsive" alt="Generic placeholder
              thumbnail">
19            <h4>塑料机械产品</h4>
20            <span class="text-muted">塑料机械产品</span>
21        </div>
22        <div class="col-xs-4 col-sm-2 placeholder">
23            <img src="images/changpin1.png" class="img-responsive" alt="Generic placeholder
              thumbnail">
24            <h4>塑料机械产品</h4>
25            <span class="text-muted">塑料机械产品</span>
26        </div>
27        <div class="col-xs-4 col-sm-2 placeholder">
28            <img src="images/changpin1.png" class="img-responsive" alt="Generic placeholder
              thumbnail">
29            <h4>塑料机械产品</h4>
30            <span class="text-muted">塑料机械产品</span>
31        </div>
```

这个楼层的代码没有任何特殊的地方，采用的是缩略图的形式，class="img-responsive"，缩略图有很多用法，这里采用缩略图配合文字，形成卡片式效果。第2行～第6行，申明一个缩略图和文字的内容块。那么如何实现鼠标悬停图片变色的效果呢？在第1行中，申明了一个floor类，用这个类结合CSS3的::before"伪元素"，来实现这个效果。样式代码如程序清单8-6所示。

程序清单8-6：楼层样式代码

```
1    .floor::before{
2        content:url(../images/louceng2.png);
3        }
4        .floor:hover::before{
5        content:url(../images/louceng1.png);
6    }
```

首先介绍一下::before"伪元素"。先看W3C的原文：层叠样式表（CSS）的主要目的是给HTML元素添加样式，然而，在一些案例中给文档添加额外的元素是多余的或是不可能的。事实上CSS中有一个特性允许添加额外元素而不扰乱文档本身，这就是"伪元素"。有2种类似的伪类：

（1）::before将会在内容之前"添加"一个元素

（2）::after将会在内容后"添加"一个元素。

在它们之中添加内容可以使用content属性。

尽管作为"虚假"的元素，事实上伪元素表现上就像是"真正"的元素，我们能够给它们添加任何样式，比如改变颜色、添加背景色、调整字体大小、调整其中的文本等。

在程序清单8-6中，第2行，我们设置::before伪元素的内容为一张图片，就是平常状态下，在楼层元素之前出现一个灰色的水滴icon，第4行，为伪元素写了样式，当鼠标悬停的时候，把内容图片换成蓝色水滴icon。

8.1.2　求购信息页面的制作

求购页面中的重点是求购信息模块，该模块如图8-5所示。在该模块中，有上面的信息头部分，为浅蓝色，内容包括数量，时间等。因此除了采用在首页的楼层信息栏中用过的缩略图以外，还要用到面板组件。

图8-5　求购信息模块

程序清单 8-7：求购信息 HTML 代码

```
1     <div class="col-sm-6 col-md-4">
2        <div class="thumbnail need">
3          <div class="panel panel-default">
4             <div class="panel-heading"><h3>定做不锈钢阀门</h3>
5               <p>采购数量：<span class="need_count">200</span>台</p>
6             </div>
7             <div class="panel-body">
8               <p>发布时间：2015-7-7</p>
9               <p>有效时间：30 天</p>
10            </div>
11          </div>
12          <img class="need_image" src="images/datu.png" alt="采购商品图片">
            <h4><a href="#">唐山机械厂</a> </h4>
13         </div>
15      </div>
```

第 2 行申明了一个缩略图。

第 3 行 class="panel panel-default"申明了一个面板的类，这个类包括了一个面板头类 class="panel-heading"和面板体类 class="panel-body"。

第 4 行面板头中放入了求购信息标题头和采购数量。

第 7 行～第 10 行面板体中放入发布时间和有效时间内容。从图 8-5 中可以看到，数量文字的颜色是红色的。所以在样式中添加如程序清单 8-8 所示代码。

程序清单 8-8：求购信息样式代码

```
1     .need_count{
2     color:red;}
3     .thumbnail .need_image{
4     margin-left:1%;}
5     .need .panel{
6     box-shadow:none;
7     border:none;}
```

第 2 行定义了求购数量的文字颜色是红色的。

第 4 行为图片留了左外边距。

第 6 行去掉了整个信息盒子的阴影。

在这张页面中也出现了页脚信息。包括 4 个部分。因此用图片展示这四个部分。HTML 代码如下所示。

程序清单 8-9：页脚 HTMl 代码

```
1     <footer>
2        <ul>
3          <li class="col-sm-4 col-md-3"><img src="images/guanggaofuwu.png"></li>
4          <li class="col-sm-4 col-md-3"><img src="images/guangyuchangping.png"></li>
5          <li class="col-sm-4 col-md-3"><img src="images/shangjiaruzhu.png"></li>
6          <li class="col-sm-4 col-md-3"><img src="images/guangyuchangping.png"></li>
```

```
7        </ul>
8      </footer>
```

为了让页脚里面的列表能横向排列，因此又编写了样式代码，如程序清单 8-10 所示。

程序清单 8-10：页脚样式代码

```
1    footer ul li{
2    display:inline-block;}
3    footer{
4    padding-bottom:10%;}
```

第 2 行，设置列表项的显示为内联块状。

第 4 行，让它的页脚底端留有内边距。

8.1.3 搜索结果页面的制作

搜索框从原来的总导航移到了页面里面，如图 8-6 所示。搜索页面的设计考虑到用户可能的搜索情况，分为商品、厂家和求购信息。因此这里用了三个面板，如图 8-7 所示。

图 8-6 搜索框

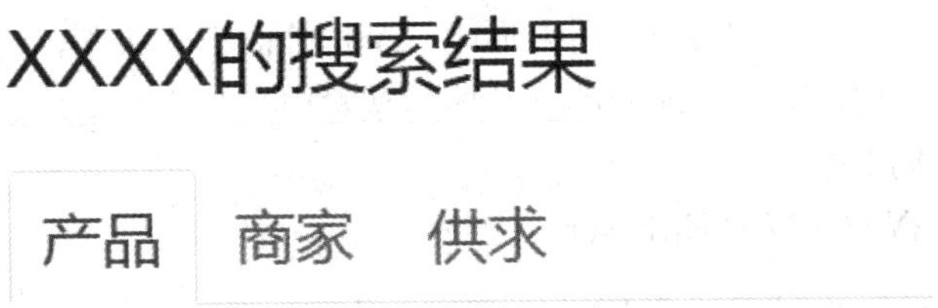

图 8-7 搜索结果面板

1. 搜索框

程序清单 8-11：搜索框 HTML 代码

```
1 <div class="searcher_form col-md-10 col-md-offset-1">
2   <form class="form-inline ">
3   <input type="text" class="form-control" placeholder="搜产品/搜厂家/搜供求...">
          <button type="submit" class="btn btn-default">搜索</button>
4      </form>
5      </div>
```

第 2 行，class="form-inline "申明了一个内联表单项的表单。

第 3 行，在表单项中写入搜索框和搜索按钮。

程序清单 8-12：搜索表单 CSS 代码

```
1    .form-inline .form-control{
2        width:90%;}
3    .searcher_form{
4        background-color:#CCC;
5    padding:2%; }
```

为了让搜索框醒目，样式代码第 4 行在搜索框下加了一个灰色的底色。

2. 搜索结果

搜索结果包含产品搜索，厂家搜索，求购信息搜索。因此分了 3 个折叠面板来显示结果，使用户能准确获得信息。

程序清单 8-13：搜索内容 HTML 代码——折叠面板头部

```
1    <div class="" id="togglable-tabs">
2    <ul id="myTabs" class="nav nav-tabs" role="tablist">
3      <li role="presentation" class="active">
4        <a href="#home" id="home-tab" role="tab" data-toggle="tab" aria-controls="home"
         aria-expanded="true">产品</a></li>
5          <li role="presentation"><a href="#profile" role="tab" id="profile-tab" data-toggle="tab"
         aria-controls="profile">商家</a></li>
6          <li role="presentation" class="dropdown">
7          <a href="#dropdown" role="tab" id="profile-tab" data-toggle="tab" aria-controls="profile">求购
         </a>
8        </li>
9    </ul>
```

第 2 行，申明了一个 nav-tabs 类，用来形成一个折叠面板的头部，这个折叠面板包含三个部分，产品、商家和求购。每一个部分都有具体的搜索内容与之相对应。因此在下面的代码中放入了搜索结果，它们的格式大同小异。

程序清单 8-14：搜索内容 HTML 代码

```
1    <div id="myTabContent" class="tab-content">
2      <div role="tabpanel" class="tab-pane fade in active" aria-labelledBy="home-tab">
3        <div class="media searcher_in">
4          <div class="media-left">
5            <a href="#">
6              <img class="media-object" src="images/changpin1.png" >
7            </a>
8          </div>
9          <div class="media-body">
10            <h4 class="media-heading">产品名称：框板式滤油机</h4>
11            <p>商品价格：<span>2000 元</span></p>
12            <p>供货总量：<span>100 台</span></p>
13            <p>联系电话：<span>0588-88888888</span></p>
14            <p>公司所在地址：<span>江苏泰州市凤凰工业园区</span></p>
15          </div>
16      </div>
```

```
17          <div class="media">
18            <div class="media-left">
19             <a href="#">
20               <img class="media-object" src="images/changpin2.png" >
21             </a>
22            </div>
23            <div class="media-body">
24             <h4 class="media-heading">产品名称：框板式滤油机</h4>
25             <p>商品价格：<span>2000 元</span></p>
26             <p>供货总量：<span>100 台</span></p>
27             <p>联系电话：<span>0588-88888888</span></p>
28             <p>公司所在地址：<span>江苏泰州市凤凰工业园区</span></p>
29            </div>
30          </div>
31            <div class="media">
32             <div class="media-left">
33              <a href="#">
34                <img class="media-object" src="images/changpin3.png" >
35              </a>
36             </div>
37             <div class="media-body">
38              <h4 class="media-heading">产品名称：框板式滤油机</h4>
39              <p>商品价格：<span>2000 元</span></p>
40              <p>供货总量：<span>100 台</span></p>
41              <p>联系电话：<span>0588-88888888</span></p>
42              <p>公司所在地址：<span>江苏泰州市凤凰工业园区</span></p>
43             </div>
44            </div>
45              <div class="media">
46             <div class="media-left">
47              <a href="#">
48                <img class="media-object" src="images/changpin4.png" >
49              </a>
50             </div>
51             <div class="media-body">
52              <h4 class="media-heading">产品名称：框板式滤油机</h4>
53              <p>商品价格：<span>2000 元</span></p>
54              <p>供货总量：<span>100 台</span></p>
55              <p>联系电话：<span>0588-88888888</span></p>
56              <p>公司所在地址：<span>江苏泰州市凤凰工业园区</span></p>
57             </div>
58            </div>
59              <div class="media m_last">
60             <div class="media-left">
61              <a href="#">
62                <img class="media-object" src="images/changpin5.png" >
63              </a>
64             </div>
```

```
65              <div class="media-body">
66                  <h4 class="media-heading">产品名称：框板式滤油机</h4>
67                  <p>商品价格： <span>2000 元</span></p>
68                  <p>供货总量： <span>100 台</span></p>
69                  <p>联系电话： <span>0588-88888888</span></p>
70                  <p>公司所在地址：<span>江苏泰州市凤凰工业园区</span></p>
71              </div>
72          </div>
73          <nav    class="pag_r">
74              <ul class="pagination">
75                  <li>
76                      <a href="#" aria-label="Previous">
77                          <span aria-hidden="true">&laquo;</span>
78                      </a>
79                  </li>
80                  <li><a href="#">1</a></li>
81                  <li><a href="#">2</a></li>
82                  <li><a href="#">3</a></li>
83                  <li><a href="#">4</a></li>
84                  <li><a href="#">5</a></li>
85                  <li><a href="#" aria-label="Next">
86                      <span aria-hidden="true">&raquo;</span>
87                  </a>
88                  </li>
89              </ul>
90          </nav>
91      </div>
```

第 1 行，申明了一个面板内容类 class="tab-content"，这一行元素的 id="home"与之前的折叠面板导航头部的链接内容即程序清单 8-13 第 4 行中<a href="#home"部分相一致。

第 2 行，申明一个折叠面板内容类 tab-pane。

第 3 行～第 16 行，为一个媒体类型组件，展示一个求购内容。

第 4 行 class="media-left"媒体类型居左。也可以让媒体部分居右 media-right。这段代码只是一个面板内容类，其他类跟这个一样，完整版可以参考所附的例子程序。

程序清单 8-15：搜索内容 CSS 代码

```
1    .media{
2    border-bottom:2px #666666 solid;}
3    .m_last{
4    border-bottom:none;}
5    .form-inline .form-control{
6    width:90%;}
```

求购内容的样式代码比较短，只要让求购内容模块跟其他的模块之间有一条线就可以了。在这里就让 media 盒子有一个 2px 的灰色下边框。

3. 你可能感兴趣的产品模块

这个模块唯一需要注意的是第 1 行，因为是跟上一个模块在一行的，所以把这个模块分为

col-md-3 个栅格大小，而上一模块为 col-md-7 个栅格大小，当然在小窗口下，这两个模块的内容会单独一个行宽。

程序清单 8-16：感兴趣模块 HTML 代码

```
1    <div class=" col-md-3    col-xs-12">
2            <h3 class="page-header adv_text">你可能感兴趣的产品</h3>
3          <ul class="intr_prod">
4            <li ><a    href="#" class="thumbnail">
5            <img    class="img-responsive" src="images/changpin1.png">
6                    <div class="caption">
7                  <h5>滤油机 1215</h5>
8                  </div>
9            </a></li>
10           <li ><a    href="#" class="thumbnail">
11           <img    class="img-responsive" src="images/changpin1.png">
12                   <div class="caption">
13                 <h5>滤油机 1215</h5>
14                 </div>
15           </a></li>
16           <li ><a    href="#" class="thumbnail">
17           <img    class="img-responsive" src="images/changpin1.png">
18                   <div class="caption">
19                 <h5>滤油机 1215</h5>
20                 </div>
21           </a></li>
22           <li ><a    href="#" class="thumbnail">
23           <img    class="img-responsive" src="images/changpin1.png">
24                   <div class="caption">
25                 <h5>滤油机 1215</h5>
26                 </div>
27           </a></li>
28         </ul>
29       </div>
```

第 4 行~第 9 行为一个列表项，里面是一个缩略图结构加上标题文字。这个组件使用过很多次，此处不再详细解释。

程序清单 8-17：感兴趣模块 CSS 代码

```
1    .intr_prod li{
2    list-style:none;
3    }
```

在 CSS 代码中进行设置 list-style:none;是为了去掉列表项前面的圆点。

8.1.4 购物车页面的制作

购物车页面包括两个部分，一个部分是购物车列表，另一个部分是推荐产品。

1. 购物车列表

购物车列表采用弹性的表格组件再加上两个按钮构成。

程序清单 8-18：购物车内容表 HTML 代码

```
1    <div class="table-responsive">
2            <table class="table table-striped">
3          <thead>
4            <tr>
5              <th>#</th>
6              <th>产品名称</th>
7              <th>价格</th>
8              <th>数量</th>
9              <th>操作</th>
10           </tr>
11         </thead>
12         <tbody>
13           <tr>
14             <td><img    src="images/suoluetu.png" class="img-responsive" alt="Generic
                 placeholder thumbnail"></td>
15             <td>唐山机械有限公司豆腐机械</td>
16             <td>1000.00</td>
17             <td>1</td>
18             <td><a href="#" class="delete btn">删除</a><a href="#" class="delete btn">添加
                 </a></td>
19           </tr>
20           <tr>
21             <td><img    src="images/suoluetu.png" class="img-responsive" alt="Generic
                 placeholder thumbnail"></td>
22             <td>唐山机械有限公司豆腐机械</td>
23             <td>1000.00</td>
24             <td>1</td>
25             <td><a href="#" class="delete btn">删除</a><a href="#" class="delete btn">添加
                 </a></td>
26           </tr>
27         <tr>
28             <td><img    src="images/suoluetu.png" class="img-responsive" alt="Generic
                 placeholder thumbnail"></td>
29             <td>唐山机械有限公司豆腐机械</td>
30             <td>1000.00</td>
31             <td>1</td>
32             <td><a href="#" class="delete btn">删除</a><a href="#" class="delete btn">添加
                 </a></td>
33           </tr>
34         </tbody>
35       </table>
36     </div>
```

第 1 行开始建立弹性表格。

第 3 行~第 11 行，为表格头部。

第 12 行，开始表格内容部分。

第 13 行~第 19 行，为表格的一行。内容包括产品图片、产品名字、价格、数量和删除按钮。

程序清单 8-19：购物车内容表 CSS 代码

```
1    .table th {
2    font-size:1.2em;}
3    .table td {
4    font-size:1.2em;}
```

购物车的样式很简单，让内容文字的大小设为 1.2em，1em 的大小与浏览器默认字体大小相等，一般是 16px。

程序清单 8-20：结算/取消按钮 HTML 代码

```
1    <div class="accounts">
2        <a href="#" class="btn btn-primary " role="button">结算</a>
3        <a href="#" class="btn btn-default" role="button">取消</a>
4    </div>
```

第 2，3 行，结算和取消按钮为 2 个按钮型的链接。但是因为本网站不涉及支付模块，因此这两个按钮没有跳转到支付平台。

程序清单 8-21：结算/取消按钮 CSS 代码

```
1    .accounts{
2    text-align:right;}
```

按钮样式居右。也可以用 pull-right 类可以直接右浮动。

2. 为您推荐

为您推荐部分采用缩略图加上标题文字的形式。因此采用了常用的缩略图组件。这个部分需要注意的只是前后的箭头图片。

程序清单 8-22：为您推荐模块 HTML 代码

```
1    <div class="row ">
2        <div class="col-sm-10 col-sm-offset-1 col-md-10 col-md-offset-1 adf_sailer">
3        <h1 class="page-header adv_text">为您推荐</h1>
4         <ul >
5            <li id="left_a"   class="col-sm-2   col-md-2">
6             <a   href="#" class="thumbnail">
7            <img class="img-responsive" src="images/left.png">
8            </a></li>
9            <li class="col-sm-5   col-md-2"><a   href="#" class="thumbnail">
10            <img   class="img-responsive" src="images/changpin1.png">
11                    <div class="caption">
12            <h5>光明机械厂</h5>
13            </div>
14            </a></li>
15            <li class="col-sm-5   col-md-2"><a   href="#" class="thumbnail">
```

```
16          <img   class="img-responsive" src="images/changpin1.png">
17                  <div class="caption">
18              <h5>光明机械厂</h5>
19              </div>
20          </a></li>
21          <li class="col-sm-5   col-md-2"><a   href="#" class="thumbnail">
22          <img   class="img-responsive" src="images/changpin1.png">
23                  <div class="caption">
24              <h5>光明机械厂</h5>
25              </div>
26          </a></li>
27          <li class="col-sm-5   col-md-2"><a   href="#" class="thumbnail">
28          <img   class="img-responsive" src="images/changpin1.png">
29                  <div class="caption">
30              <h5>光明机械厂</h5>
31              </div>
32          </a></li>
33          <li id="right_a" class="col-sm-2   col-md-2">
34           <a   href="#" class="thumbnail">
35           <img class="img-responsive" src="images/right.png">
36           </a></li>
37       </ul>
38      </div>
39    </div>
```

第 5 行～第 8 行，为缩略图组件。推送要推荐给用户的商品广告信息。

程序清单 8-23：为您推荐模块 CSS 代码

```
1     .adf_sailer li{
2      list-style:none;
3      display:inline-block;}
4     .adf_sailer{
5     border:3px #C0B8B6 solid;
6     margin-top:50px;
7     margin-bottom:70px;}
8     .adf_sailer ul{
9     text-align:center;}
10    #left_a img,#right_a img{
11    width:30%;}
12    #left_a a ,#right_a a{
13    border:0px;
14    padding-top:50%;}
```

第 1 行～第 3 行，去掉列表项前面的圆点，并且让它的显示为内联块状显示。

第 4 行，控制整个推荐元素盒子使之有 3px 的边框，50px 的上外边距和 70px 的下外边距。

第 10 行，开始控制左右箭头图片的大小和间距，让箭头图片能够很好地居中显示。

8.2　动态编程

　　在开始这部分的编程时，请回头看一下数据库里面的表，是不是跟第7章中的一致。或者是把附件中的 test.sql 文件导入到你的 MySQL 中。为了让大家清楚地了解数据库表的构成，图 8-8 为至今为止我们建立的表，一共 16 个。

　　在这个库中已经有一部分的数据，但是数据量不多，读者在测试的时候，可以自行多输入一些，另外，下面详细介绍的动态页面在本书的附件里面都有介绍。

　　为了有效地建立动态页面，我们为共同函数创建一个包含文件即数据库连接信息。

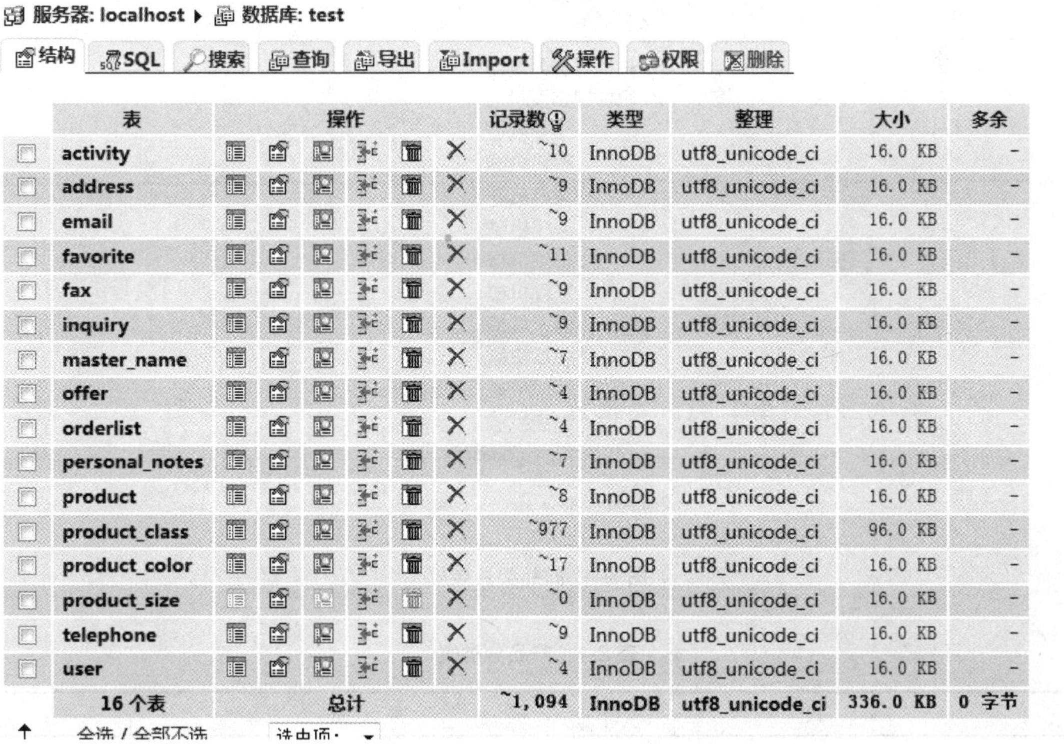

服务器: localhost ▶ 数据库: test

📄结构　🔧SQL　🔍搜索　📋查询　📤导出　📥Import　🔧操作　🔒权限　❌删除

	表	操作						记录数	类型	整理	大小	多余
☐	activity							~10	InnoDB	utf8_unicode_ci	16.0 KB	-
☐	address							~9	InnoDB	utf8_unicode_ci	16.0 KB	-
☐	email							~9	InnoDB	utf8_unicode_ci	16.0 KB	-
☐	favorite							~11	InnoDB	utf8_unicode_ci	16.0 KB	-
☐	fax							~9	InnoDB	utf8_unicode_ci	16.0 KB	-
☐	inquiry							~9	InnoDB	utf8_unicode_ci	16.0 KB	-
☐	master_name							~7	InnoDB	utf8_unicode_ci	16.0 KB	-
☐	offer							~4	InnoDB	utf8_unicode_ci	16.0 KB	-
☐	orderlist							~4	InnoDB	utf8_unicode_ci	16.0 KB	-
☐	personal_notes							~7	InnoDB	utf8_unicode_ci	16.0 KB	-
☐	product							~8	InnoDB	utf8_unicode_ci	16.0 KB	-
☐	product_class							~977	InnoDB	utf8_unicode_ci	96.0 KB	-
☐	product_color							~17	InnoDB	utf8_unicode_ci	16.0 KB	-
☐	product_size							~0	InnoDB	utf8_unicode_ci	16.0 KB	-
☐	telephone							~9	InnoDB	utf8_unicode_ci	16.0 KB	-
☐	user							~4	InnoDB	utf8_unicode_ci	16.0 KB	-
	16 个表	**总计**						**~1,094**	**InnoDB**	**utf8_unicode_ci**	**336.0 KB**	**0 字节**

↑　全选 / 全部不选　　选中项: ▼

图 8-8　凤凰电商网站的包含的数据库表

程序清单 8-24：数据库连接文件

```
1    <?php
2    $kunpeng = mysqli_connect("localhost","root","","test");
3    if(mysqli_connect_errno()){
4        printf("Connect failed:%s\n",mysqli_connect_error());
5    exit();}
6        else{
7    //printf("主机信息:%s\n",mysqli_get_host_info($kunpeng));
8        }?>
```

　　这是一个简单的数据库连接脚本，如果没有进行连接，脚本会退出，否者，它将让$kunpeng

的值可供脚本的其他部分使用。把这个文件保存成 kunpengsqli.php，放在 connections 文件夹里面。

8.2.1 首页的动态页面制作

这个页面分两个部分，一个是类目导航部分，如图 8-9 所示，一个是主题内容部分。在我们这一节中，主要介绍类目导航部分，而主题内容的展示跟下一节的求购信息类似，因此在这里不详细介绍。读者可以自行完成。

在这部分中，我们使用到的表格为产品分类表 product_class。回顾一下这个表的结构，如表 8-1 所示。

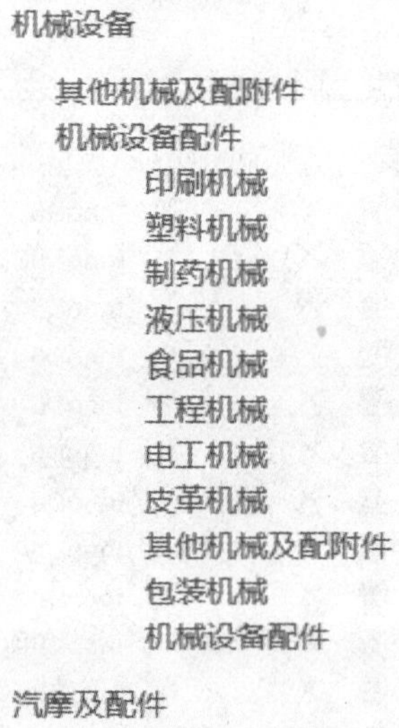

机械设备

其他机械及配附件
机械设备配件
印刷机械
塑料机械
制药机械
液压机械
食品机械
工程机械
电工机械
皮革机械
其他机械及配附件
包装机械
机械设备配件

汽摩及配件

图 8-9　商品类目导航

表 8-1　产品分类表

字　　段	类　　型	空
classID	varchar(8)	否
classItem	varchar(32)	否
classDesc	varchar(128)	否
classModDate	date	否
classAddDate	date	否

大家都有去图书馆借书的经历，借书之前，我们都会查询要借的书的分类，比如 TP 开头的书，一般是信息技术类的书。我们的机械产品也是一样的，它有固有的分类。比如机械设备类下面有一个机械设备配件类，该类别下面有印刷机，塑料机械等各种类别。考虑到每一类别的内容不多，第一级类目大概为 50 类左右，第二级类目不多于 100 类，第三级类目不多于 100 类，因此设计数据库类目表的时候，采用了表 8-2 所示的含义结构。

表 8-2 产品分类 ID 含义表

分类 ID 编号范围	含 义
00000001-00000099	一级类目
00000100-00099900	二级类目
00100000-99900000	三级类目

最后在表中输入了一些测试数据，大家可以打开附件文件 test.sql 查看里面的内容。

到现在为止，这里最麻烦的部分其实已经完成了。现在要考虑的是如何读取表里的数据。我们需要创建脚本列出分类，当单击分类导航的时候，可以列出下一级分类，当处在最后的分类的时候，会列出该分类的产品。

把前面写好的 index.html 另存为 index.php。在最开始的部分包含数据库文件<?php require_once('Connections/kunpengsqli.php'); ?> 以及包含 utf8 字符集<?php mysqli_query ($kunpeng,"set names utf8;"); ?>。下面章节里提到的每一张页面都要包含，不再重复指出。

程序清单 8-25：显示产品分类导航

```php
1    <?php
2    $query_class = "SELECT * FROM product_class WHERE LEFT(classID,6)='000000' ";
3    $class = mysqli_query($kunpeng,$query_class) or die(mysql_error($kunpeng));
4    $totalRows_class = mysqli_num_rows($class);
5    if($totalRows_class<0){
6    echo '没有商品分类啊！';
7    }else{
8        echo ' <ul class="nav nav-sidebar">';
9        while($row_class = mysqli_fetch_array($class)){
10       $class1_id = $row_class['classID'];
11       $class1_item = $row_class['classItem'];
12       $class1_desc = $row_class['classDesc'];
13       echo '<li><a
14   href="'.$_SERVER['PHP_SELF'].'?class1_id='.$class1_id.'">'.$class1_item.'</a></li>';
15       if(isset($_GET['class1_id'])&&($_GET['class1_id']==$class1_id)){
16           $class2_id = $_GET['class1_id'];
17   ...$safe_class2_id = substr($class2_id,-2);
18   ... $query_class2 = "SELECT * FROM product_class WHERE LEFT(classID,3)='000' AND
         SUBSTRING(classID,3,3)!='000' AND RIGHT(classID,2) = '".$safe_class2_id."'";
19       $class2 = mysqli_query( $kunpeng,$query_class2) or die(mysqli_error($kunpeng));
20       $totalRows_class2 = mysqli_num_rows($class2);
21       if($totalRows_class2<0){
22       echo "该分类没有二级分类";
23       }else{
24        echo '<ul>';
25   while($row_class2 = mysqli_fetch_array($class2)){
26   $class2_id = $row_class2['classID'];
27       $class2_item = $row_class2['classItem'];
28   ... $class2_desc = $row_class2['classDesc'];
29   echo '<li><a href="'.$_SERVER['PHP_SELF'].'?class2_id='.$class2_id.'&class1_id='.$class1_id.'">
```

```
            '.$class2_item.'</a></li>';
30          if(isset($_GET['class2_id'])&&($_GET['class2_id']==$class2_id)){
31          $class3_id = $_GET['class2_id'];
32          $safe_class3_id = substr($class3_id,-5);
33          $query_class3 = "SELECT * FROM product_class WHERE    LEFT(classID,3)!='000' AND
            RIGHT(classID,5) = '".$safe_class3_id."'";
34           $class3 = mysqli_query($kunpeng,$query_class3) or die(mysqli_error($kunpeng));
35          $totalRows_class3 = mysqli_num_rows($class3);
36            if($totalRows_class3<0){
37           echo "该分类没有三级分类";
38            }else{
39            echo '<ul>';
40           while($row_class3 = mysqli_fetch_array($class3)){
41           $class3_id = $row_class3['classID'];
42                 $class3_item = $row_class3['classItem'];
43           $class3_desc = $row_class3['classDesc'];
44              echo '<li><a href="showitem.php?class3_id='.$class3_id.'&class3_item='.$class3_item.'">
                '.$class3_item.'</a></li>';
45                 }
46            echo '</ul>';
47...    } } }
48          echo '</ul>';
49              }   }   }
50          echo '</ul>';
51                        } ?>
```

第 2 行~第 4 行，从数据库中查询一级类目，从表 8-2 可以看出，该类目的特点是 ID 的前 6 位是 0，所以查询时的条件为 LEFT(classID,6)='000000'。LEFT() 的用法为：LEFT(*str,len*)，该函数返回从字符串 *str* 开始的 *len* 最左字符。

第 5 行，如果没有分类就提示用户，没有商品分类存在。

第 6 行，若有则列出来。

第 7 行~第 14 行，把一级类目列出。如果单击任何一个一级类目，就会展开该类目下的二级类目。

第 16 行，获取用户单击的一级类目的 classId。

第 18 行，开始进行该类目的二级类目的查询，同理，二级类目左边的前三位为 0，并且，还要排除全零的情况，也就是 Id="00000000"的情况，因此条件语句就为 LEFT(classID,3)='000' AND SUBSTRING(classID,3,3)!='000' AND RIGHT(classID,2) = '".$safe_class2_id."'";。

从第 30 行开始进入三级类目查询。如果有用户单击某个二级类目，就会带着该类目的"classID"，再次进行跳转到自身的过程。

第 31 和 32 行，获得 classID，substr() 函数用于返回字符串的一部分，它的语法为 substr(string,start,length)，start 规定字符串从何处开始，length 是一个选用项，规定返回字符的长度。在第 32 行中，substr($class3_id,-5) 用于返回 $class3_id 的后 5 位。

在第 33 行中查询该二级类目下的三级分类内容。

第 39~44 行，把这些三级类目都输出到类目导航列表里面。

8.2.2 求购信息页面的动态页面制作

求购信息页面内容相对上一节的分级类目要简单多了，该页面涉及的数据表包括商家表 master_name 和求购表 inquiry。回顾一下它们的内容，如表 8-3 和表 8-4 所示。

表 8-3 master_name 表结构

字段	类型	能否为空	默认
MasterId	tinyint(8)	否	唯一
DateAdded	date	否	
DateModified	date	否	
TName	varchar(32)	否	
NName	varchar(32)	否	
UserName	varchar(32)	否	

表 8-4 inquiry 表结构

字段	类型	能否为空	默认
inquiryId	tinyint(16)	否	唯一
inquiryProductName	varchar(128)	否	
inquiryProductClass	varchar(8)	否	
inquiryMasterId	tinyint(8)	否	
inquiryPrice	tinyint(8)	否	
inquiryAmount	tinyint(8)	否	
inquiryDate	date	否	
inquiryEndDate	date	否	

程序清单 8-26：求购信息

```
1    <?php
2    $query_inquiry = "SELECT * FROM inquiry,master_name WHERE inquiry. inquiryMasterId=
     master_name.MasterId";
3    $inquiry = mysqli_query($kunpeng,$query_inquiry) or die(mysql_error($kunpeng));
4    $totalRows_inquiry = mysqli_num_rows($inquiry);
5    if($totalRows_inquiry<=0){
6    echo '<h1 class="page-header">目前没有求购信息，你可以看看别的产品。</h1>';}
7    else{
8    echo'<h1 class="page-header">求购信息</h1>';
9    while($row_inquiry = mysqli_fetch_array($inquiry)){
10           $inquiryId = $row_inquiry['inquiryId'];
11           $inquiryProductName = $row_inquiry['inquiryProductName'];
12            $inquiryUserName = $row_inquiry['UserName'];
13            $inquiryDate = $row_inquiry['inquiryDate'];
14            $inquiryEndDate = $row_inquiry['inquiryEndDate'];
15            $inquiryAmount=$row_inquiry['inquiryAmount'];
```

```
16              $inquiryPrice=$row_inquiry['inquiryPrice'];
17      ?>
18              <div class="col-sm-6 col-md-4">
19              <div class="thumbnail need">
20              <div class="panel panel-default">
21              <div class="panel-heading"><h3><?php echo $inquiryProductName;   ?></h3>
22                 <p>采购数量：<span class="need_count"><?php echo $inquiryPrice;   ?></span>台</p>
23              </div>
24              <div class="panel-body">
25              <p>发布时间：<?php echo $inquiryDate;?></p>
26              <p>有效时间：<?php
27   ...        $timediff = timediff(strtotime($inquiryDate), strtotime($inquiryEndDate));
28              echo $timediff[day];?>天</p>
29              </div>
30              </div>
31              <img class="need_image" src="images/datu.png" alt="采购商品图片">
32              <h4><a href="#"><?php echo $inquiryUserName;   ?></a> </h4>
33              </div>
34       </div>
35       <?php }
36          }?>
```

第 1 行～第 4 行，从数据库 inquiry 表中获取求购信息。

第 6 行，如果没有求购信息，就输出提示用户目前没有求购信息。在这里还可以提示用户去发布求购信息，或者是去别的产品页浏览等，以提高用户体验，提高用户停留时长。

第 7 行开始，把查询出来的求购信息逐个保存到变量中。包括发布产品图片、求购数量、价格、发布时间和有效时间。我们可以从表 8-3 中看到，保存了用户发布时间和采购信息的截止时间，那么如何获得计算这两个时间间隔多少天呢？

在第 27 行，调用了一个计算有效时间的自定义函数 timediff()，以及一个计算时间戳的 strtotime()函数。

第 28 行，输出有效天数。

程序清单 8-27 详细列出了获得间隔日期代码。在详细解释这个脚本之前，先介绍 PHP 中的日期和时间。PHP 中的 strtotime()函数返回的是整数，表示自 1970 年 7 月 1 日 00:00:00 GMT 起开始流逝的秒数，这个时刻叫做 UNIX 时间戳，从那时起流逝的描述就叫做时间戳。strtotime($inquiryDate) 将英文文本的日期时间描述解析为时间戳。

程序清单 8-27：获得间隔日期代码

```
1    <?php
2    function timediff( $begin_time, $end_time )
3    {
4       if ( $begin_time < $end_time ) {
5           $starttime = $begin_time;
6           $endtime = $end_time;
7       } else {
8           $starttime = $end_time;
9           $endtime = $begin_time;
```

```
10    }
11    $timediff = $endtime - $starttime;
12    $days = intval( $timediff / 86400 );
13    $remain = $timediff % 86400;
14    $hours = intval( $remain / 3600 );
15    $remain = $remain % 3600;
16    $mins = intval( $remain / 60 );
17    $secs = $remain % 60;
18    $res = array( "day" => $days, "hour" => $hours, "min" => $mins, "sec" => $secs );
19    return $res;
20    } ?>
```

第 2 行，建立 timediff()函数，两个参数为开始时间和结束时间。

第 4～第 6 行，如果开始时间比结束时间晚，那么把开始时间和结束时间调换一下。

第 11 行，获得时间戳差值，从这个差值我们可以容易得出天数（$timediff / 86400），因为一天是 86400 秒。

第 13 行，通过对 86400 取模获取剩余的小时数（差值/3600），通过对小时数取模获取剩余的分数，以此直至秒。

第 18 行，在数组$res 里面存储天、时、分和秒，并且返回该数组。

8.2.3 搜索结果页面的动态页面制作

搜索结果页面需要用到求购信息表、厂家信息、商品信息等表，前面已经多次列出，这里不再重复。搜索结果的动态代码思路很简单，只需要逐个从数据库查询出来并且输出到页面上即可。

程序清单 8-28：搜索栏动态代码

```
1     <?php
2     if(empty($_GET['seacher_input'])){
3...   $seacher_input = '不锈钢';
4     }
5...   else{
6......     $seacher_input = mysqli_real_escape_string($kunpeng, $_GET['seacher_input']);}
7...   ?>
8     <div class="container-fluid">
9       <div class="row">
10        <div class="searcher_form col-md-10 col-md-offset-1">
11        <form   action="seacher.php" method="get" class="form-inline">
12              <input id="seacher_input" name="seacher_input" type="text" class="form-control"
                    placeholder="搜产品/搜商家/搜供求">
13    <button type="submit" class="btn btn-default">搜索</button>
14        </form>
15        </div>
16      </div>
17        <div class="row">
18        <div class="col-sm-12   col-md-7 col-md-offset-1 ">
19          <div class="searcher_out">
```

```
20      <h1 class="page-header"><?php echo $seacher_input;?>的搜索结果</h1>
21      <div class="" data-example-id="togglable-tabs">
22  <ul id="myTabs" class="nav nav-tabs" role="tablist">
23      <li role="presentation" class="active"><a href="#home" id="home-tab" role="tab" data-toggle="tab"
    aria-controls="home" aria-expanded="true">产品</a></li>
24      <li role="presentation"><a href="#profile" role="tab" id="profile-tab" data-toggle="tab"
    aria-controls="profile">商家</a></li>
25      <li role="presentation" class="dropdown">
26      <a href="#dropdown" role="tab" id="profile-tab" data-toggle="tab" aria-controls="profile">供求
        </a>
27      </li>
28  </ul>
```

第 3 行，seacher_input 里面保存了用户输入的要搜索的内容，如果用户还没有输入搜索内容，就马上进行搜索，就用这个默认的推荐搜索内容。

第 20 行，显示搜索标题内容。

下面就进入分别的产品、商家、求购信息的搜索。

程序清单 8-29：商品搜索结果动态代码

```
1       <div role="tabpanel" class="tab-pane fade in active" id="home" aria-labelledBy="home-tab">
2           <?php $query_seacherproduct = "SELECT * FROM product INNER JOIN offer    ON
product.ProductId=offer.offerProductID INNER JOIN master_name ON offer.offerMasterId=master_name.MasterId
WHERE product.ProductName LIKE '%".$seacher_input."%'";
3       $seacherproduct = mysqli_query($kunpeng,$query_seacherproduct) or die(mysqli_error($kunpeng));
4       $totalRows_seacherproduct = mysqli_num_rows($seacherproduct);
5       $pagetotal = ceil($totalRows_seacherproduct/8);//总多少页
6   if($totalRows_seacherproduct<=0){
7       echo '<h1 class="page-header">真丢脸，没有这个商品请。。。。！</h1>';}
8   else{...
9           while($row_seacherproduct = mysqli_fetch_array($seacherproduct)){......
10          $offerPrice = $row_seacherproduct['offerPrice'];
11          $offerAmount = $row_seacherproduct['offerAmount'];
12          $offterDate = $row_seacherproduct['offterDate'];
13          $productImage = $row_seacherproduct['productImage'];
14          $ProductName=$row_seacherproduct['ProductName'];
15          $ProductId=$row_seacherproduct['ProductId'];
16          $UserName = $row_seacherproduct['UserName'];
17          $offerId=$row_seacherproduct['offerId'];
18      ?>
19          <div class="media searcher_in">
20              <div class="media-left">
21              <a href="#">
22                  <img class="media-object" src="<?php echo $productImage;?>" >
23              </a>
24          </div>
25          <div class="media-body">
26              <h4 class="media-heading">产品名称：<?php echo $ProductName;?></h4>
27              <p>商品价格：<span><?php echo $offerPrice;?>元</span></p>
```

```
28              <p>供货总量：<span><?php echo $offerAmount;?>台</span></p>
29              <p>公司：<a href=""><?php echo $UserName;?></a></p>
30          </div>
31      </div>
32  <?php }/*else while*/?>
33      <nav   class="pag_r">
34        <ul class="pagination">
35          <li>
36            <a href="#" aria-label="Previous">
37              <span aria-hidden="true">&laquo;</span>
38            </a>
39          </li>
40          <?php
41      for($i=1;$i<=$pagetotal;$i++){
42  ...   echo '<li><a href="#">'.$i.'</a></li>';
43      }
44  ...   ?>
45          <li>
46            <a href="#" aria-label="Next">
47              <span aria-hidden="true">&raquo;</span>
48            </a>
49          </li>
50        </ul>
51      </nav>
52  <?php }/*else $totalRows_seacherproduct*/?>
```

第 2 行从数据库中查询用户搜索的商品。

第 9 行，开始获得需要的数据，包括商品图片、商品厂家、商品价格、数量等并且输出。

程序清单 8-30：搜索厂家动态代码

```
1       <?php $query_seachermaster = "SELECT * FROM master_name INNER JOIN address ON
master_name.MasterId=address.MasterId INNER JOIN fax ON address.MasterId=fax.MasterId WHERE
master_name.UserName LIKE '%".$seacher_input."%'";
2    $seachermaster = mysqli_query($kunpeng,$query_seachermaster) or die(mysqli_error($kunpeng));
3    $totalRows_seachermaster = mysqli_num_rows($seachermaster);
4    $pagetotal = ceil($totalRows_seachermaster/8);//总多少页
5    if($totalRows_seachermaster<=0){
6 ...  echo '<h1 class="page-header">真丢脸，没有这个厂家请。。。。！</h1>';}
7  else{...
8          while($row_seachermaster = mysqli_fetch_array($seachermaster)){...
9       $MasterId = $row_seachermaster['MasterId'];
10      $MasterLogo = $row_seachermaster['MasterLogo'];
11       $FaxNumber = $row_seachermaster['FaxNumber'];
12       $Address = $row_seachermaster['Address'];
13       $UserName = $row_seachermaster['UserName'];
14   ...$NName = $row_seachermaster['NName'];
15...   ?>
16       <div class="media searcher_in">
```

```
17              <div class="media-left">
18                <a href="#">
19                  <img class="media-object" src="<?php echo $MasterLogo;?>" >
20                </a>
21              </div>
22              <div class="media-body">
23                <h4 class="media-heading"><a href="#">公司名称：<?php echo $UserName;?></a></h4>
24                <p>公司电话：<span><?php echo $FaxNumber;?>元</span></p>
25                <p>公司地址：<span><?php echo $Address;?>台</span></p>
26
27                <p>公司负责人：<?php echo $UserName;?></p>
28            </div>
29          </div>
30          <?php }/*else while*/?>
31            <nav   class="pag_r">
32          <ul class="pagination">
33            <li>
34              <a href="#" aria-label="Previous">
35                <span aria-hidden="true">&laquo;</span>
36              </a>
37            </li>
38            <?php
39          for($i=1;$i<=$pagetotal;$i++){
40    ...    echo '<li><a href="#">'.$i.'</a></li>';
41            }
42    ...    ?>
43            <li>
44              <a href="#" aria-label="Next">
45                <span aria-hidden="true">&raquo;</span>
46              </a>
47            </li>
48          </ul>
49          </nav>
50    <?php }/*else $totalRows_seacherproduct*/?>
```

第 2 行，从数据库中查询用户搜索的厂家。

第 9 行，开始获得需要的数据包括公司图片、公司名称、公司地址、电话等并且输出。

搜索求购动态代码与上述代码类似，此处就不再对它做解释。请参考附件 searcher.php 文件。

8.2.4　购物车页面的动态页面制作

购物车页面包含用户购买的东西列表，数据表 orderlist 结构如表 8-5 所示。是一个非常具有隐私性的页面，只有登录过后的用户才能看得到。在这个例子中，为了调试方便，不需要多次跳转到登录页面，在前面设置了默认用户 ID。

表 8-5　orderlist 表结构

字段	类型	Null	默认
orderId	int(32)	是	NULL
UserId	tinyint(8)	是	
ProductId	tinyint(8)	是	
orderPrice	double	是	
orderDate	date	是	
orderAmount	tinyint(8)	是	
orderUpdateDate	date	是	NULL

程序清单 8-31：购物车动态代码

```
1   <?php
2       $UserId = '2';
3       $query_username = "SELECT * FROM user   WHERE UserId= '".$UserId."'";
4     $username = mysqli_query($kunpeng,$query_username) or die(mysqli_error($kunpeng));
5     $row_username = mysqli_fetch_array($username);
6... $UserName=$row_username['UserName'];
7   $query_orderlist = "SELECT * FROM orderlist INNER JOIN user ON orderlist.UserId = user.UserId
    INNER JOIN product ON orderlist.ProductId = product.ProductId WHERE user.UserId= '".$UserId."'";
8   $orderlist = mysqli_query($kunpeng,$query_orderlist) or die(mysqli_error($kunpeng));
9   $totalRows_orderlist = mysqli_num_rows($orderlist);
10  if($totalRows_orderlist<=0){
11...   echo '<h1 class="page-header">你的购物车里面没有东西啊！</h1>';}
12  else{...
13...   ?>
14       <div class="container-fluid">
15       <div class="row">
16       <div class="col-sm-10 col-sm-offset-1 col-md-10 col-md-offset-1 ">
17       <h1 class="page-header"><?php echo $UserName;?>的购物车</h1>
18         <div class="table-responsive">
19           <table class="table table-striped">
20            <thead>
21              <tr>
22                <th>#</th>
23                <th>产品名称</th>
24                <th>价格</th>
25                <th>数量</th>
26                <th>操作</th>
27              </tr>
28            </thead>
29            <tbody>
30       <?php
31...   while($row_orderlist = mysqli_fetch_array($orderlist)){
32          $orderPrice = $row_orderlist['orderPrice'];
33          $orderAmount = $row_orderlist['orderAmount'];
```

```
34        $orderDate = $row_orderlist['orderDate'];
35         $productImage = $row_orderlist['productImage'];
36         $ProductName=$row_orderlist['ProductName'];
37         $ProductId=$row_orderlist['ProductId'];
38           $orderId=$row_orderlist['orderId'];
39             <tr>
40               <td><img   src="<?php echo $productImage;?>" class="img-responsive" alt="Generic
                 placeholder thumbnail"></td>
41               <td><a href="#"><?php echo $ProductName;?></a></td>
42               <td><?php echo $orderPrice;?></td>
43               <td><?php echo $orderAmount;?></td>
44               <td><?php echo "<a href=\"deleteorderlist.php?UserId=".$UserId."\">删除
                 </a>"; ?></td>
45             </tr>
46    <?php }  ?>
47             </tbody>
48           </table>
49         </div>
50         <div class="accounts"><a href="#" class="btn btn-primary " role="button">结算</a> <a href="#"
             class="btn btn-default" role="button">取消</a> </div>
<?php }  ?>
```

第 3 行～第 6 行，根据用户 Id 获得用户昵称等信息。

从第 7 行开始查询购物信息，并且在后面的行中输出到页面中。

第 44 行，为了完成从购物车中删除商品的功能，该按钮跳转到了删除商品脚本 deleteorderlist.php。

程序清单 8-32：删除购物车里面某一件商品代码

```
1    <?php
2    session_start();
3    if (isset($_GET['UserId'])) {
4      $kunpeng = mysqli_connect("localhost","root","","test");
5      $safe_id = mysqli_real_escape_string($mysqli, $_GET['UserId']);
6      $delete_item_sql = "DELETE FROM orderlist WHERE UserId = '".$safe_id."'";
7      $delete_item_res = mysqli_query($kunpeng, $delete_item_sql) or die(mysqli_error($kunpeng));
8...mysqli_close($kunpeng);
9      header("Location: shoppingcart.php");
10     exit;
11   } else {
12     header("Location: index.php");
13     exit;
14   } ?>
```

第 2 行，继续用户会话，因为我们需要使用用户会话，来确定用户登录 ID。

第 3 行，检查了$_GET['UserId']中的值，如果没有的话，用户不能进行购物车的操作。如果存在值，在第 4 行连接数据库，在第 7 行执行第 6 行的查询，并且在第 9 行把用户重定向到购物车页面。其中，被删除的商品将不再显示。

实践练习：商品发布页面的制作

根据附件里面提供的商品发布页面，编写本案例网站的商品发布页面部分的静态页面和动态页面。商品发布如图 8-10 所示。

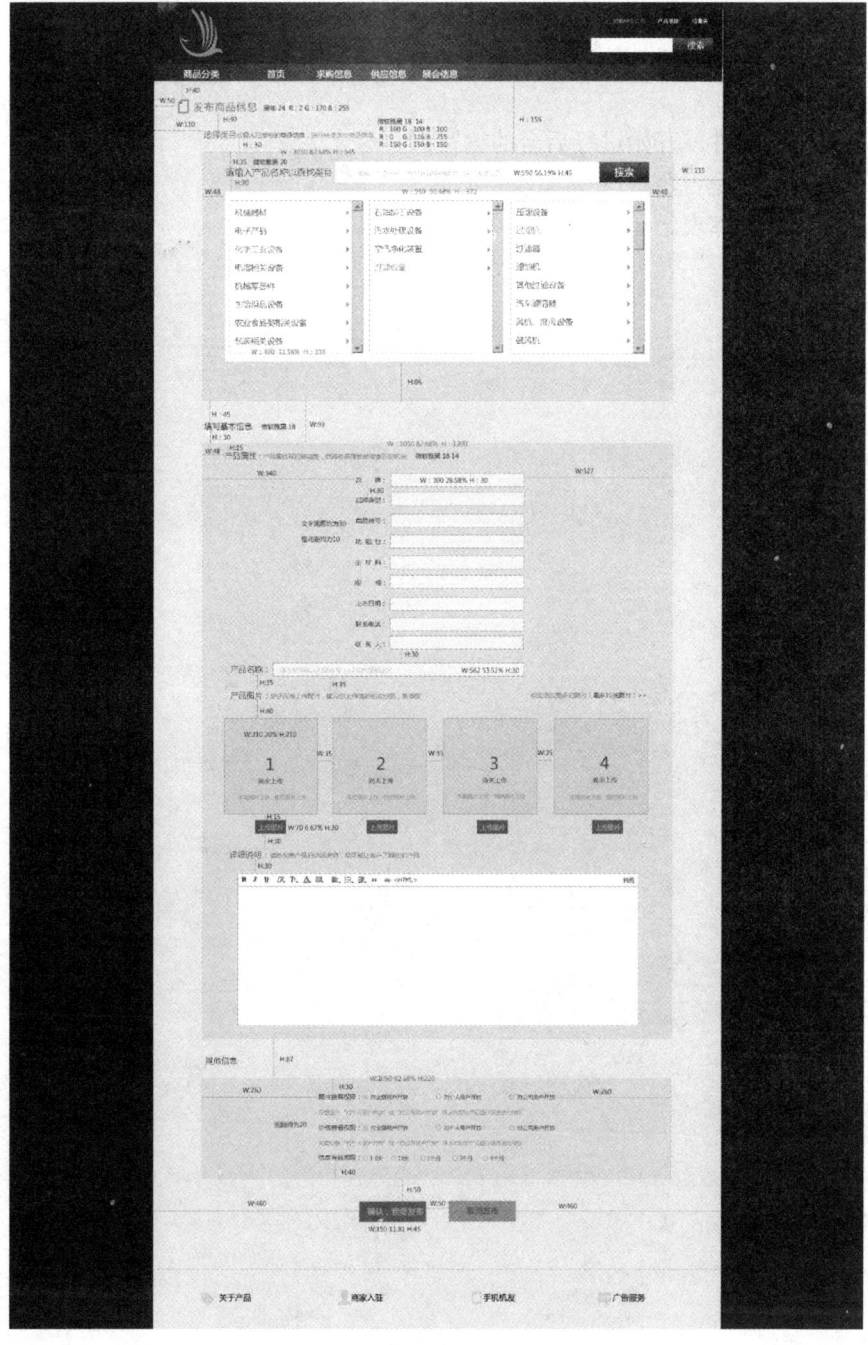

图 8-10　商品发布页面

实验内容与步骤：

HTML 制作提示：

1．加入 Bootstrap 组件；

2．使用级联的多选类建立商品分类；

3．使用缩略图类建立产品图片；

4．使用表单类建立商品信息说明；

5．注意图片的大小不要超过 2MB；

6．可以采用外加文本插件的形式，建立产品详细说明。

制作提示：

1．另存为.php 文件，开始进行后台的编写；

2．注意判断用户是否登录；

3．关联多个数据库表。

附录 A

Bootstrap 的应用

A.1 Bootstrap 应用起步

为什么选择 Bootstrap？因为它具有以下优势：

● 移动设备优先：自 Bootstrap 3 起，框架包含了贯穿于整个库的移动设备优先的样式。
● 浏览器支持：所有的主流浏览器都支持 Bootstrap。
● 容易上手：只要您具备 HTML 和 CSS 的基础知识，就可以开始学习 Bootstrap。
● 响应式设计：Bootstrap 的响应式 CSS 能够自适应于台式机、平板电脑和手机。
● 它为开发人员创建接口提供了一个简洁统一的解决方案。
● 它包含了功能强大的内置组件，易于定制。
● 它还提供了基于 Web 的定制。
● 它是开源的。

注意：需要说明的是 Bootstrap 支持 Internet Explorer 8 及更高版本的 IE 浏览器，旧的浏览器可能无法很好支持。

框架定制外观

Bootstrap 是基于 HTML、CSS、jQery 的，它简洁灵活，使得 Web 开发更加快捷。Bootstrap 包括的内容：

● 基本结构：Bootstrap 提供了一个带有网格系统、链接样式、背景的基本结构。
● CSS：Bootstrap 自带以下特性：全局的 CSS 设置、定义基本的 HTML 元素样式、可扩展的 class，以及一个先进的网格系统。
● 组件：Bootstrap 包含了十几个可重用的组件，用于创建图像、下拉菜单、导航、警告框、弹出框等。
● JavaScript 插件：Bootstrap 包含了十几个自定义的 jQuery 插件。可以直接包含所有的插件，也可以逐个包含这些插件。

● 定制：您可以定制 Bootstrap 的组件、LESS 变量和 jQuery 插件来得到您自己的版本。

环境搭建

以下内容，将手把手教大家搭建 Bootstrap 的环境。

下载 Bootstrap：从 http://v3.bootcss.com/getting-started/上下载 Bootstrap 的最新版本。或者使用本书所附资源提供的源码。

解压缩 ZIP 文件：您将看到下面的文件/目录结构：

```
bootstrap/
├── css/
│   ├── bootstrap.css
│   ├── bootstrap.css.map
│   ├── bootstrap.min.css
│   ├── bootstrap-theme.css
│   ├── bootstrap-theme.css.map
│   └── bootstrap-theme.min.css
├── js/
│   ├── bootstrap.js
│   └── bootstrap.min.js
└── fonts/
    ├── glyphicons-halflings-regular.eot
    ├── glyphicons-halflings-regular.svg
    ├── glyphicons-halflings-regular.ttf
    ├── glyphicons-halflings-regular.woff
    └── glyphicons-halflings-regular.woff2
```

建立一个使用了 Bootstrap 的基本的 HTML 模板：

打开，Adobe Dreamweaver 新建 HTML5，加入如图 A-1 所示文件。

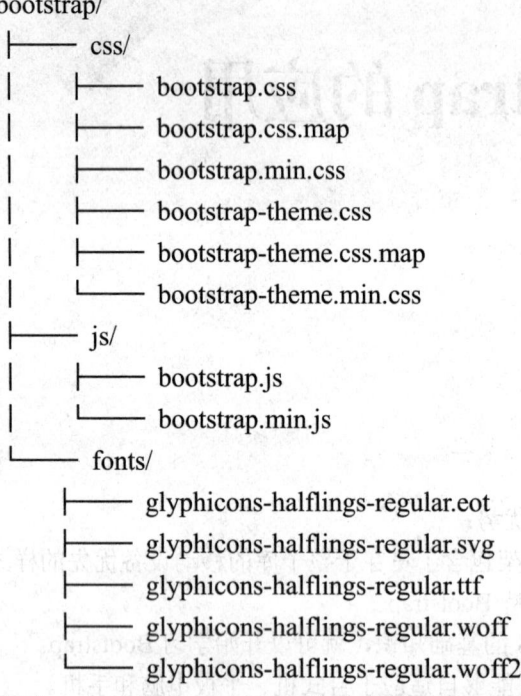

```html
<!doctype html>
<html>
<head>
<meta charset="utf-8">
<title>bootstrap</title>
    <link href="dist/css/bootstrap.css" rel="stylesheet">
    <script src="dist/js/jquery.min.js"></script>
    <script src="dist/js/bootstrap.min.js"></script>
  </head>
  <body>


  </body>
</html>
```

图 A-1　基本 HTML 模板

提示：Bootstrap 的所有 JavaScript 插件都依赖 jQuery，因此 jQuery 必须在 Bootstrap 之前引入，就像在基本模板中所展示的一样。

框架实例

现在让我们动手做第一个实例（源代码参见 1.html），尝试使用 Bootstrap 输出"我的第一个

Boostrap 实例"如图 A-2 所示。

```
<!doctype html>
<html>
<head>
<meta charset="utf-8">
<title>bootstrap</title>
    <link href="dist/css/bootstrap.css" rel="stylesheet">
    <script src="dist/js/jquery.min.js"></script>
    <script src="dist/js/bootstrap.min.js"></script>
  </head>
  <body>

    <h1>我的第一个bootstrap实例</h1>

  </body>
</html>
```

图 A-2 我的第一个 Boostrap 实例

A.2 应用全局 UI 样式

A.2.1 概览

在这一节中，我们来深入了解底层结构。包括移动设备优先、排版和链接。

一、移动设备优先

Bootstrap 是移动设备优先的。Bootstrap 3 重写了整个框架，让它一开始就是对移动设备友好的，它不是简单地增加一些可选的针对移动设备的样式，而是融合将其融合进了框架的内核中，为了确保合适的绘制和触屏缩放，需要在<head>之中添加 viewport 元数据标签，如图 A-3 所示。

```
<meta name="viewport" content="width=device-width, initial-scale=1">
```

图 A-3 viewport 元数据标签

width 属性：控制设备的宽度。将它设置为 device-width 可以确保它能正确呈现在不同屏幕分辨率的设备上。

initial-scale=1.0：确保网页加载时，以 1:1 的比例呈现，不会有任何的缩放。

通常情况下，maximum-scale=1.0 与 user-scalable=no 一起使用。这样禁用缩放功能后，用户只能滚动屏幕，就能让您的网站看上去更像原生应用的感觉，如图 A-4 所示。

```
<meta name="viewport" content="width=device-width,
                               initial-scale=1.0,
                               maximum-scale=1.0,
                               user-scalable=no">
```

图 A-4 移动设备优先

user-scalable=no：在移动设备浏览器上，通过为 viewport meta 标签添加可以禁用其缩放（zooming）功能。

但是，我们建议，只在进行 WEBAPP 开发的时候才会用到这项功能，不推荐所有网站使用。

二、排版与链接

Bootstrap 排版、链接样式设置了基本的全局样式.

1．为 body 元素设置 body {margin: 0;}来移除 body 的边距，如图 A-5 所示。

```
076  body {
077     font-family: "Helvetica Neue", Helvetica, Arial, sans-serif;
078     font-size: 14px;
079     line-height: 1.42857143;
080     color: #333;
081     background-color: #fff;
082  }
```

图 A-5　Bootstrap 的默认 body 属性

2．使用@font-family-base、@font-size-base 和@line-height-base a 变量作为排版的基本参数。

3．为所有链接设置了基本颜色@link-color，并且当链接处于:hover 状态时才添加下划线。

读者可以在 Bootstrap.css 里看到上述的默认设置和更多其他默认设置。

A.2.2　栅格系统

Bootstrap 包含了一个响应式的、移动设备优先的、不固定的网格系统，可以随着设备或视口大小的增加而适当地扩展到 12 列。它包含了用于简单的布局选项的预定义类，也包含了用于生成更多语义布局的功能强大的混合，这段话来源于 Bootstrap 官方手册关于栅格系统的解释。在移动设备优先这个意义上，Bootstrap 代码从小屏幕设备（比如移动设备、平板电脑）开始，然后扩展到大屏幕设备（比如笔记本电脑、台式电脑）上的组件和网格。

1．栅格系统的实例

我们利用 Boostrap 的栅格系统，写出第一个应用实例（源代码参见 2.html），如图 A-6 所示。

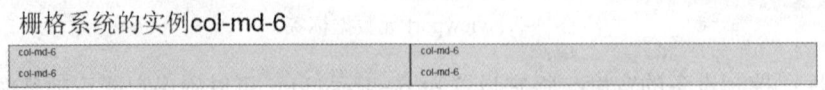

图 A-6　栅格系统实例 col-md-6

这个例子的代码如程序清单 1 所示。

程序清单 1：栅格系统实例

```
1 <!DOCTYPE html>
2 <html>
3 <head>
4   <title>Bootstrap 栅格系统的实例 col-md-6</title>
5     <meta name="viewport" content="width=device-width, initial-scale=1.0" charset="utf-8">
6     <link href="bootstrap/css/bootstrap.css" rel="stylesheet">
```

```
7  <script src="scripts/jquery.min.js"></script>
8 <script src="bootstrap/js/bootstrap.min.js"></script>
9  </head>
10  <body>
11  <div class="container">
12  <h1>栅格系统的实例 col-md-6</h1>
13  <div class="row">
14 <div class="col-md-6"   style="background-color: #dedef8; box-shadow:
15       inset 1px -1px 1px #444, inset -1px 1px 1px #444;">
16       <p>col-md-6
17       </p>
18       <p>col-md-6
19       </p>
20  </div>
21       <div class="col-md-6" style="background-color: #dedef8;box-shadow:
22       inset 1px -1px 1px #444, inset -1px 1px 1px #444;">
23       <p>col-md-6
24       </p>
25       <p> col-md-6
26       </p>
27  </div>
28  </div>
29  </body>
30  </html>
```

上述的例子代码，我们做如下的说明：

1）第 1 行～第 10 行是为了使用 Bootstrap 而必须包含的文件，在以后的例子中，我们默认它们出现在每个例子中，所以在以后的例子中，不再把它们显示出来。

2）第 11 行 Bootstrap 3 的 **container** class 用于包裹页面上的内容。行必须放置在.container class 内，以便获得适当的对齐（alignment）和内边距（padding）。同样我们默认它们出现在每个例子中，所以在以后的例子中，不再把它们显示出来。

3）第 13、14 行预定义的网格类，比如.row 和. col-md-6，可用于快速创建网格布局。

网格系统通过一系列包含内容的行和列来创建页面布局，从中也可以看出 Bootstrap 网格系统是如何工作的：

● 行必须放置在.container class 内，以便获得适当的对齐（alignment）和内边距（padding）。
● 使用行来创建列的水平组。
● 内容应该放置在列内，且唯有列可以是行的直接子元素。
● 预定义的网格类，比如.row 和.col-xs-4，可用于快速创建网格布局。LESS 混合类可用于更多语义布局。
● 列通过内边距（padding）来创建列内容之间的间隙。该内边距是通过.rows 上的外边距（margin）取负，表示第一列和最后一列的行偏移。
● 网格系统是通过指定您想要横跨的 12 个可用的列来创建的。例如，要创建 3 个相等的列，则使用 3 个.col-xs-4。

2. 媒体查询

Bootstrap 中的媒体查询允许您基于视口大小移动、显示并隐藏内容。下面的媒体查询在 LESS 文件中使用，用来创建 Bootstrap 网格系统中的关键分界点阈值。

```
/* 超小屏幕（手机，小于 768px） */
/* 没有任何媒体查询相关的代码，因为这在 Bootstrap 中是默认的（还记得 Bootstrap 是移动设备优先的吗？） */
/* 小屏幕（平板，大于等于 768px） */
@media (min-width: @screen-sm-min) { ... }
/* 中等屏幕（桌面显示器，大于等于 992px） */
@media (min-width: @screen-md-min) { ... }
/* 大屏幕（大桌面显示器，大于等于 1200px） */
@media (min-width: @screen-lg-min) { ... }
```

3. 栅格参数

通过表 A-1 可以详细查看 Bootstrap 的栅格系统是如何在多种屏幕设备上工作的。

表 A-1　栅格系统在多种屏幕设备上工作

	超小屏幕手机（<768px）	小屏幕平板（≥768px）	中等屏幕桌面显示器（≥992px）	大屏幕大桌面显示器（≥1200px）
栅格系统行为	总是水平排列	开始是堆叠在一起的,当大于这些阈值时将变为水平排列		
.container 最大宽度	None（自动）	750px	970px	1170px
类前缀	.col-xs-	.col-sm-	.col-md-	.col-lg-
列（column）数	12			
最大列（column）宽	自动	~62px	~81px	~97px
槽（gutter）宽	30px（每列左右均有 15px）			
可嵌套	是			
偏移（Offsets）	是			
列排序	是			

4. 中型和大型设备

在中型和大型设备中使用 Bootstrap 栅格系统，效果如图 A-7 所示。

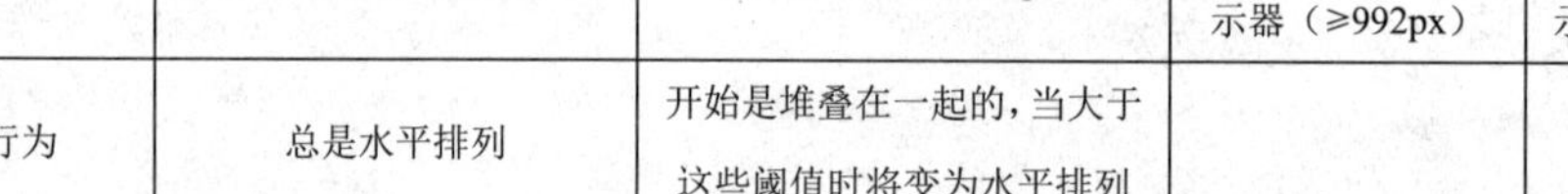

bootstrap中型和大型设备的实例!

课程: Adobe Dreamweaver CS6	评分: 7.7 专业: 信息技术系 时间: 2014-07-07

图 A-7　中型和大型设备运行结果

部分代码如下（源代码参见 3.html）：
程序清单 2：栅格系统大型设备实例

```
<h1>bootstrap 中型和大型设备的实例!</h1>
<div class="row">
  <div class="col-md-6 col-lg-4" style="background-color: #dedef8;
```

```
box-shadow: inset 1px -1px 1px #444, inset -1px 1px 1px #444;">
    <p>课程：Adobe Dreamweaver CS6
    </p>
</div>
<div class="col-md-6 col-lg-8"" style="background-color: #dedef8;
    box-shadow: inset 1px -1px 1px #444, inset -1px 1px 1px #444;">
    <p>我们的 bootstrap 实例! </p>
<p>评分：7.7<br>专业：信息技术系<br>时间：2014-07-07</p>
</div>
```

5. 从堆叠到水平排列

使用单一的一组.col-md-*栅格类，就可以创建一个基本的栅格系统，在手机和平板设备上一开始是堆叠在一起的（超小屏幕到小屏幕这一范围），在桌面（中等）屏幕设备上变为水平排列。所有"列（column）必须放在".row 内（源代码参见 4.html），效果如图 A-8 和图 A-9 所示。

程序清单 3：堆叠实例

```
<div class="row">
    <div class="col-md-1">.col-md-1</div>
    <div class="col-md-1">.col-md-1</div>
    <div class="col-md-1">.col-md-1</div>
    <div class="col-md-1">.col-md-1</div>
    <div class="col-md-1">.col-md-1</div>
    <div class="col-md-1">.col-md-1</div>
    <div class="col-md-1">.col-md-1</div>
    <div class="col-md-1">.col-md-1</div>
    <div class="col-md-1">.col-md-1</div>
    <div class="col-md-1">.col-md-1</div>
    <div class="col-md-1">.col-md-1</div>
</div>
```

栅格系统的水平和堆叠

col-md-1　.col-md-1　.col-md-1　.col-md-1　.col-md-1　.col-md-1　.col-md-1　.col-md-1　.col-md-1　.col-md-1

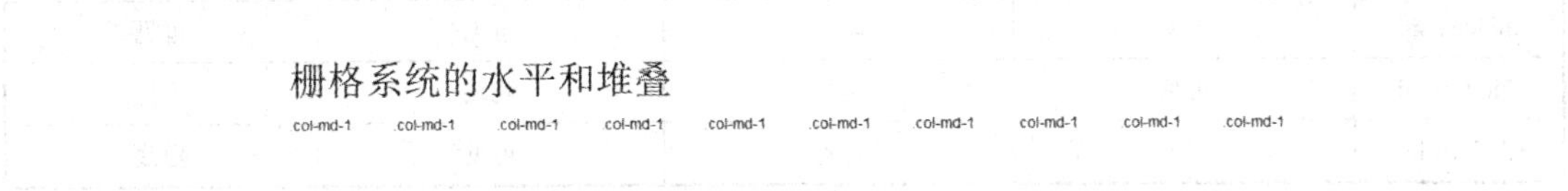

图 A-8　运行结果-水平

栅格系统的水平和堆叠

.col-md-1
col-md-1
.col-md-1
col-md-1
.col-md-1
.col-md-1
.col-md-1
.col-md-1
col-md-1
.col-md-1
col-md-1

图 A-9　运行结果-堆叠

6. 偏移列实例

偏移是一个用于更专业的布局的有用功能。它们可用来给列腾出更多的空间。为了在大屏幕显示器上使用偏移，请使用.col-md-offset-*类。这些类会把一个列的左外边距（margin）增加*列，其中*范围是从 1～11。下面我们使用<div class="col-md-3">..</div>来展示偏移（源代码参见 5.html）。效果如图 A-10 所示。

boostrap偏移列实例！

我的第四个boostrap实例！

图 A-10 偏移列运行结果

A.2.3 响应式工具

为了加快对移动设备的页面开发工作，使用媒体查询功能使这些工具类可以更方便地针对不同设备展示或者隐藏页面内容，另外还包括针对打印机显示或者隐藏内容的工具类。

有针对性地使用这类工具，可以在不同设备上提供不同的展现形式。

通过单独或联合使用以下列出的类，可以针对不同屏幕尺寸隐藏或显示页面内容，见表 A-2。

表 A-2 针对不同屏幕尺寸隐藏或显示页面内容

	超小屏幕手机（<768px）	小屏幕平板（≥768px）	中等屏幕桌面（≥992px）	大屏幕桌面（≥1200px）
.visible-xs-*	可见	隐藏	隐藏	隐藏
.visible-sm-*	隐藏	可见	隐藏	隐藏
.visible-md-*	隐藏	隐藏	可见	隐藏
.visible-lg-*	隐藏	隐藏	隐藏	可见
.hidden-xs	隐藏	可见	可见	可见
.hidden-sm	可见	隐藏	可见	可见
.hidden-md	可见	可见	隐藏	可见
.hidden-lg	可见	可见	可见	隐藏

如.visible-*-*的类针对每种屏幕大小都有了三种变体，CSS 中不同的 display 属性列表见表 A-3。

表 A-3 CSS 中不同的 display 属性

类组	CSS display
.visible-*-block	display: block;
.visible-*-inline	display: inline;
.visible-*-inline-block	display: inline-block;

A.2.4 组件

下面将介绍一些 Bootstrap 的组件。无数可复用的组件，包括字体图标、下拉菜单、导航、警告框、弹出框等更多功能。由于后续章节会深入使用这些组件，因此在本节中，只是把一些常用的和基本的规范组件进行了介绍，这里解释的依据来源于 Bootstrap 的手册和中文网站 http://v3.bootcss.com/components/。

1. Glyphicons 字体图标

所有可用的图标包括 260 个来自 Glyphicon Halflings 的字体图标。Glyphicons Halflings 一般是收费的，但是他们的作者允许 Bootstrap 免费使用。为了表示感谢，希望你在使用时尽量为 Glyphicons 添加一个友情链接。

出于性能的考虑，所有图标都需要一个基类和对应每个图标的类。把下面的代码放在任何地方都可以正常使用。注意，为了设置正确的内补（padding），务必在图标和文本之间添加一个空格。

如需使用图标，只需要简单地使用*<span class="glyphicon glyphicon-search"></span>*代码即可。请在图标和文本之间保留适当的空间。下面将结合下拉菜单具体演示使用方法。

2. 下拉菜单

下拉菜单是可切换的，是以列表格式显示链接的上下文菜单。在下面的实例中，我们将综合字体图形和下拉菜单创建一个我们自己的菜单。实例的运行结果如图 A-10 所示。

图 A-10　带字体图标的菜单

它的关键代码如下（源代码参见 6.html）：

程序清单 4：菜单组件实例

```
1   <div class="dropdown">
2   <button class="btn btn-default dropdown-toggle" type="button" id="dropdownMenu1"
    data-toggle="dropdown" aria-expanded="true">
3     <span class="glyphicon glyphicon-align-left"> </span> 微课
4       <span class="caret"></span>
5   </button>
6   <ul class="dropdown-menu" role="menu" aria-labelledby="dropdownMenu1">
7       <li role="presentation"><a role="menuitem" tabindex="-1" href="#"><span class="glyphicon
        glyphicon-home"></span> 首页</a></li>
8       <li role="presentation"><a role="menuitem" tabindex="-1" href="#"><span class="glyphicon
        glyphicon-book"></span> 课程</a></li>
9       <li role="presentation"><a role="menuitem" tabindex="-1" href="#"><span class="glyphicon
        glyphicon-pencil"></span> 讨论</a></li>
10       <li role="presentation"><a role="menuitem" tabindex="-1" href="#"><span class="glyphicon
        glyphicon-facetime-video"></span> 欣赏</a></li>
```

```
11    </ul>
12 </div>
   </ul>
</div>
```

第 1 行建立一个 div 申明为下拉菜单类；

第 4 行为下拉菜单添加一个下拉箭头。

*<span class="glyphicon glyphicon-search"></span>*代码用来添加字体图形；

" "在字体图形和文字之间加入空格。

3. 徽章

给链接、导航等元素嵌套<span class="badge">元素，可以很醒目的展示新的或未读的信息条目，如图 A-11 所示。

图 A-11　徽章元素运行效果

为了实现上面的效果，只需要加入这段代码就可以了：

```
<button class="btn btn-primary" type="button">
    Messages <span class="badge">4</span>
</button>
```

4. 表单

表单是进行用户交互，收集资料经常用到的工具，Bootstrap 为表单提供了一整套的 UI。下面通过实例演示表单的使用，表单的运行效果如图 A-12 所示。

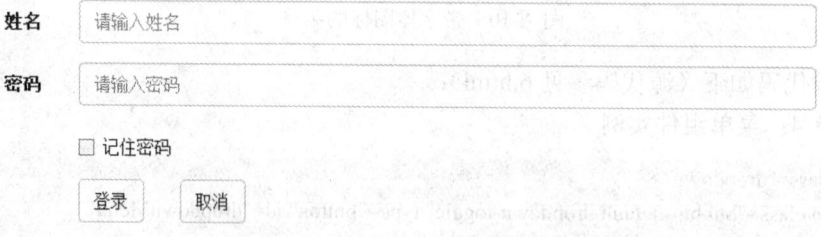

图 A-12　表单的运行效果

程序清单 5：表单组件实例

```
1    <form class="form-horizontal" role="form">
2        <div class="form-group">
3            <label for="firstname" class="col-sm-2 control-label">姓名</label>
4            <div class="col-sm-10">
5                <input type="text" class="form-control" id="firstname" placeholder="请输入姓名">
6            </div>
7        </div>
8        <div class="form-group">
9            <label for="lastname" class="col-sm-2 control-label">密码</label>
```

```
10          <div class="col-sm-10">
11              <input type="text" class="form-control" id="lastname" placeholder="请输入密码">
12          </div>
13      </div>
14      <div class="form-group">
15          <div class="col-sm-offset-2 col-sm-10">
16              <div class="checkbox">
17                  <label>
18                      <input type="checkbox"> 记住密码
19                  </label>
20              </div>
21          </div>
22      </div>
23      <div class="form-group">
24          <div class="col-sm-offset-2 col-sm-8">
25              <div class="row">
26                  <div class="col-sm-2">
27                      <button type="submit" class="btn btn-default">登录</button>
28                  </div>
29                  <div class="col-sm-2">
30                      <button type="submit" class="btn btn-default">取消</button>
31                  </div>
32              </div>
33          </div>
34      </div>
35  </form>
```

第 1 行 *<form class="form-horizontal" role="form">* 表示实例表单是一个水平表单。Bootstrap 提供了 3 种表单：

垂直表单：*<form role="form">*；

水平表单：*<form class="form-horizontal" role="form">*；

内联表单：*<form class="form-inline" role="form">*

第2行～第7行，把标签和控件放在一个带有 class *.form-group* 的<div>中。这是获取最佳间距所必需的；如果你没有为每个输入控件设置 label 标签，屏幕阅读器将无法正确识别。

实践练习

1. 在本机上安装和测试 Bootstrap；
2. 请把程序清单 5 的实例改成内联表单的形式，运行结果如图 A-13 所示。

| 请输入姓名 | 请输入密码 | □记住密码 | 登录 | 取消 |

图 A-13　内联表单

反侵权盗版声明

电子工业出版社依法对本作品享有专有出版权。任何未经权利人书面许可，复制、销售或通过信息网络传播本作品的行为，歪曲、篡改、剽窃本作品的行为，均违反《中华人民共和国著作权法》，其行为人应承担相应的民事责任和行政责任，构成犯罪的，将被依法追究刑事责任。

为了维护市场秩序，保护权利人的合法权益，我社将依法查处和打击侵权盗版的单位和个人。欢迎社会各界人士积极举报侵权盗版行为，本社将奖励举报有功人员，并保证举报人的信息不被泄露。

举报电话：（010）88254396；（010）88258888

传　　真：（010）88254397

E-mail：　dbqq@phei.com.cn

通信地址：北京市海淀区万寿路 173 信箱

　　　　　电子工业出版社总编办公室

邮　　编：100036